服装设计基础与创意

戴文翠◎著

中国纺织出版社有限公司

国家一级出版社
全国百佳图书出版单位

内 容 提 要

本书稿包含五部分内容，知识结构清晰，中心主题明确，对服装设计的基础知识理论以及服装设计的创新发展都进行了阐述。本书可作为服装设计专业学生学习用书和教育者的参考用书。

图书在版编目（CIP）数据

服装设计基础与创意/戴文翠著 . —北京：中国纺织出版社有限公司，2019.7

ISBN 978 - 7 - 5180 - 6297 - 3

Ⅰ.①服… Ⅱ.①戴… Ⅲ.①服装设计 Ⅳ.①TS941.2

中国版本图书馆 CIP 数据核字（2019）第 119945 号

责任编辑：郭 沫 责任校对：王花妮
责任设计：韩瑞瑞 责任印刷：何 建

中国纺织出版社有限公司出版发行

地址：北京市朝阳区百子湾东里 A407 号楼 邮政编码：100124

销售电话：010－87155894 传真：010－87155801

http：//www.c - textilep.com

E-mail：faxing@c - textilep.com

官方微博 http：//weibo.com/2119887771

北京虎彩文化传播有限公司印刷 各地新华书店经销

2019 年 7 月第 1 版第 1 次印刷

开本：880mm×1230mm 1/32 印张：4.375

字数：100 千字 定价：68.00 元

凡购本书，如有缺页、倒页、脱页，由本社图书营销中心调换

前　　言

　　服装设计是一门综合性和多元化的应用性学科。服装设计的载体就是服装，在设计中采用恰当的设计语言、思维形式、美学规律和设计程序，将设计师的个性、思想、品牌观念与设计主题、流行趋势融合起来，最终以物质化的形式呈现服装设计师的创作思想。作为一种现代设计，服装设计需要全面考虑和分析消费者的不同需求，使服装同时具有艺术价值和商业价值，体现功能与美学的统一。基于此，特撰写《服装设计基础与创意》一书。

　　本书分五章，对服装设计的基础和创意进行了探究，内容涵盖服装设计基础理论、服装设计要素、服装设计的美学原理、服装设计的创意思维、创意服装设计等。

　　本书知识结构清晰完整、中心明确，对服装设计的基础理论知识和创新发展进行了阐述，面向新时代服装设计创意性的发展，力求体现实用性、适用性，可作为服装设计学习者和教育者的参考用书。

　　本书在编写过程中曾参考和借鉴了许多同仁、学者、专家的科研成果和经验总结，在此表示衷心的感谢！由于

编者水平有限和出版时间的仓促，书中难免存在不妥之
处，望相关学者、专家以及读者提出宝贵意见，以便我们
今后的更改和完善。

作　者
2019 年 6 月

目　　录

第一章　服装设计基础理论

第一节　服装设计概述

一、服装设计的概念

人类的生存发展依赖着各种器具和物件，如房屋、食器、衣物等。对于这些物件，人们的要求不仅是有用，而且还要求美观，也就是说，人们在创造这些器物的时候既有好用、够用的理性心理要求，也有美观、好看的感性心理要求。由此可知，"用"和"美"是人们的自然愿望，这种愿望促使设计意识的产生。在实际生活中，正是因为形成了这种意识才使设计实践得以发生，这种意识行为的产物就是设计产品。

（一）设计的含义

设计（Design）一词来自于拉丁语 Designare、法语 Dessin、意大利语 Disegno 的融合，其最早源自拉丁语 Designare 的 De 与 Signare 的组词。Signare 的意思是标记，从这一词义开始，又有了计划、印迹、记号等意义，如今 Design 一词已经融入了现代生活的"计划后的记号再现"的设计意义中。当今世界，设计这一词汇，广泛地应用于各个领域，包括图案、意匠、构思方案、设计图、设计、计划、企划等多种含义。

设计行为的目的是满足用的机能性和美的感性需要，是融

"用"和"美"的意识为一体的产物，是为了表达某种效果、达成某种目的而进行的设想、计划、构思和设计实施的创造性立体思维以及实际行为的过程。

对于设计类型的划分，不同理论家和设计师曾依据不同观点进行过不同的归类。近年来，越来越多的设计师和理论家倾向于按不同的设计目的将其划分为：为了传达的视觉传达设计，为了使用的产品设计，为了居住的环境设计三大类型。如图 1-1 所示，是由 Ksenialery Ru 在 2013 IF 传达设计中的获奖作品。图 1-2 则是由阿根廷设计师 Pablo Matteoda 设计的泡茶器，灵感来自于鲨鱼鳍，将茶叶放入泡茶器，再将整个鲨鱼鳍放入杯子，茶色会逐渐扩散于水中，仿佛鲨鱼咬噬后的鲜血扩散于水中。这种划分原理是将构成世界的三大要素："自然—人—社会"作为设计类型划分的坐标点，由它们的对应关系形成相应的三大基本设计类型。这种划分具有相对广泛的包容性、正确性和科学性（图 1-3）。

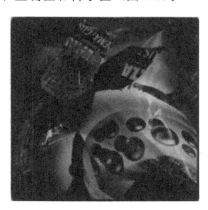

图 1-1 2013 IF 视觉传达设计获奖作品——Trafficshop

图 1 - 2　产品设计——泡茶器

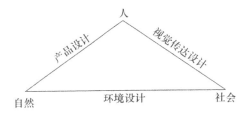

图 1 - 3　设计类型的划分

（二）服装设计的含义

服装设计是对人的整体着装状态的一种设计；是运用美的规律，以绘画形式将设计构想表现出来，并选择恰当的材料，借助相应的技术制作手段将其物化的创造性行为；是一种非语言信息传达的、视觉的设计艺术。服装设计以人为对象，设计的产品是服装及服饰品。

服装设计属产品设计范畴。从空间角度看，它属于三维立体设计，包含的内容是多方面的：既有关于设计对象——人的内容，又有关于设计产品——服装的内容，还有关于设计传达——设计信息的内容。

二、服装设计的特性

（一）服装设计与人体的契合性

服装设计首先要研究人，研究人的生活方式，并为人创造更新的生活方式，因此，服装设计也是一种生活方式的设计。服装设计与人体有着极为密切的关系，服装的效果需要依赖人体才能得以展示，而且服装是人们的生活必需品，服装的款式、面料、色彩都与人的生活脉脉相通，服装要依据人体进行设计，受人体结构的限制。服装设计必须考虑的问题是人体穿着的舒适度，并能充分将人体美展示出来。服装设计的作品通常是由模特来展示的，最终的成衣也是供人们穿着的。因此，优秀的设计必须将作品与人体结构的关系处理好，这样才能达到理想的效果，否则设计的作品就会没有意义。人们对设计师的作品"趋之若鹜"的原因，不仅仅在于它们代表着时尚潮流，更重要的是优秀的设计师对服装与人体的关系有着更为细致和专业的研究，长期经验的积累能够使其设计的服装在舒适度更好的同时，通过色彩的对比、结构的变化等技巧使穿着者自身存在的不足在视觉效果上得以弱化。

（二）民族文化性

不同民族在漫长的历史演变过程中形成并积淀了不同的服饰文化，不同民族的生活环境和文化背景不同，在其影响和熏陶下形成了各自与众不同的服饰审美观，并在一定的范围内得到人们的普遍认同。例如，朝鲜族的长裙"契玛"（图1-4），其特点是上窄下宽、高腰线，裙长及脚面且裙摆较宽，在朝鲜族受到广泛的认可和喜爱。服装设计需要在设计中将不同民族的服饰文化特征体现出来，通过服装的不同色彩、款式、面料、风格来传达不同民族的价

值观念和审美品位。服装设计的民族文化性包含演变性和继承性两
方面。自黄帝垂衣裳而天下治以来，我国的衣冠礼仪一直为人们所
遵从。直到封建社会末期，慈禧太后仍认为衣服的样式是祖宗定
的，改习洋服是"大逆不道"的行径。然而，随着时代的发展和演
变，传统的服饰已经不能为人们提供生活所需的便利，这就需要改
变代代相传的穿着方式。社会环境的变迁使人们的审美情趣也发生
了变化。唐朝以丰腴为美，衣着宽大、色彩明艳（图 1-5）；进入
宋朝以后，经济稍显萧条，人们更加讲求婉约、清瘦之美，衣着风
格合体而淡雅（图 1-6）。从中不难看出，民族传统服装反映着不
同的民族文化，同时反映着不同民族人们的情感愿望和审美追求。
因此，服装设计也必须因时而变，满足现实社会的需求，提取民族
文化中与现实符合的精华，但这并不是说要一味地模仿，而是要求
在服装设计中有机地融合时代主题与民族元素。

图 1-4　朝鲜族服饰　　　　图 1-5　唐朝服饰

图 1 - 6　宋朝服饰

（三）艺术性与实用性的统一

服装设计是艺术性与实用性的统一，服装首先要满足的是人们的穿着需求，因此要以实用性为基础。在满足了人们的穿着需求后，要追求的就是服装设计的美感。服装在舞台戏剧、广告、电影中是一种道具，其作用是不可替代的。人们常因其服装的优美而产生赏心悦目的感觉，一些影视作品甚至将服装设计作为吸引观众的艺术形式。特别是全球性的服装发布会，不仅引领时尚潮流，而且还是一场艺术欣赏的视觉盛宴。高级时装艺术追求的是尽善尽美，极致地展现出服装的艺术性。设计师们通过别具一格的构思将服装高度个性化，给人以精神上的享受。现实生活中，服装更重视的是其实用性，冬天的皮革设计是为了增加服装的保暖性，夏季的绸纱面料看重的是其透气性和排汗功能。当然，保暖材料研究的突破使得人们即使在冬天也可以穿得单薄，如果保暖面料不够好，在冬装设计中就无法实现贴身又单薄。因此，服装设计中，只有先满足使用性需求，才有了追求美观性的条件。

第二节　服装设计的作用和要求

一、服装设计的作用

众所周知，演出艺术除直观的感受外，追求的是一种较高的审美意境。这是由演员在演出后、观众在观赏后，因戏剧形式、内容、风格而引发的浮想、幻想和联想等思想情感的表现。有时这种情感并不是在观看戏剧时就能直观感受得到的，需要舞台印象在头脑中经过洗礼、筛选，而后与自我意识发声碰撞后的延伸、演变和重现，意境的出现，与艺术家们塑造的直观外在形象（人物、环境等）有着必然的联系，它能够将观赏者直接引入所要传达的思想空间。但演员的表演，导演的手法，观众的欣赏角度、层次、趣味等诸多因素都关系着创作者们所期待达到的意境能否出现。创造意境的成功，需要作者、表演者与观众共同完成。艺术家要有充分的想象力，观众也同样需要，这在展示和欣赏的过程中的表现既是同步的也是非同步的。就同步而言，作品所要表达的思想、理念、情绪、情感能与观众在第一时间发生碰撞、产生声响，随即产生反响、反馈或共鸣，这对艺术家来说将是最佳的享受。直接与观众的交流，使脉搏与观众产生共振，使血液与观众同流，使情感与观众交融，进而激发更大的舞台激情，这种同步过程也就是舞台表演艺术魅力的所在。还有一类戏剧作品，由于其风格、哲理、思想等所要传达的内容较为婉转、深邃、含蓄，在观赏的同时没有时间进行深入的思考，这便使观众与现场产生了不同步。但随后的咀嚼、回味、反思、品赏却令人思考无限、回味无穷，甚至指点着人生、影响着社会……对于艺术家来说，这种始料未及的功能可以说是"奢望"并被誉为至高的境界,这就是舞台和影视艺术。

服装设计是舞台艺术、影视艺术这类综合艺术的重要组成部分,是舞台艺术和影视艺术的二度创作。服装设计师是这项艺术工程的主要创作人员之一。服装设计与化妆设计统称为人物造型设计。

人物造型在舞台艺术和影视艺术中属美术范畴,它包括对人物的鞋帽、服装、配件、饰物、面部妆容、发型的设计及呈现。演员就是它的承载者和展示者。按照一般规律来说,服装设计在舞台艺术、影视艺术中的作用是:在作品的总体风格框架中,在导演总体构思的指导下,最大限度地帮助演员完成剧中人物外部形象的塑造,使演员更加接近、符合角色,使人物造型设计与作品的整体风格相符合,使舞台艺术、影视艺术的使命得以圆满完成。

随着人类社会的进步,科学技术的普及,艺术事业的发展,大众文化水平及审美标准的提高,以及娱乐形式和选择方式的多样化,尤其是高科技工具和手段在舞台艺术、影视艺术中的应用,使舞台艺术和影视艺术呈现出多种多样的表现形式,人们在对各种不同意象进行适合表现方法的探索和试验的同时,也使舞台美术、影视美术的位置和作用随着不同作品所追求的不同表现形式和不同艺术风格有所变化和侧重。有些作品甚至由从属地位一跃而上,占主导地位。

美国百老汇演出的音乐剧《狮子王》曾经获得了极大的成功,剧中舞台灯光、美术、服装、道具和化妆都有许多大制作、大投入和独到创新。美妙的灯光、恢弘的场景、幻化的服装造型、全剧有两百多个木偶道具,制作工时超 37 000 小时,舞台上出现的鸟、鱼、昆虫等达 25 种,这些造型元素使舞台更加美轮美奂,以至于有的评论家认为这部作品的形式比内容更加成功。《狮子王》的成功,很大程度得益于独特的舞台样式、形式、手段等产生的视觉冲击力，包括舞蹈、音乐、服装设计、舞美设计等，但更为重要的是内容、题材、手段、形式的完美结合，正是这种完美组合所产生的艺术力量和魅力感动了创作者和观众（图1-7）。

图1-7　《狮子王》剧照

上海歌舞团的舞剧《金舞银饰》在国内外都曾进行演出，其反响都很强烈。作为一部优秀的舞剧艺术剧目，它与一般舞剧不同之处在于它强调服饰与舞蹈的结合展示，一方面以舞蹈表现服饰，另一方面以服饰展现舞蹈。它融合了中华五千年舞蹈文化和服饰文化的精华，通过再现相关的历史场景，从一个独特的视角演绎了我国不同时代的具有代表性和典型性的服装与饰品文化，用舞蹈艺术语言展现了中华民族几千年历史进程中丰富多彩的服饰文化与艺术。也有人称它是集音乐、舞蹈、戏剧元素、服饰展示、民俗风情于一体的舞蹈晚会。无论其被称为"舞剧"还是"舞蹈晚会"，服装、服装设计在这部作品中的作用和地位都是十分重要的，然而，这也只是个例，其定位主要由作品追求的内容和主题确定（图1-8）。

图 1-8 《金舞银饰》剧照

二、服装设计的要求

任何行业都有自己的要求,服装设计也不例外。现代的服装设计意识是以人为主体来考量的,并为这个主体提供一切最适宜的服务。完美的设计应是商业、工业、科学和艺术高度一体化的产物。因此,对于服装设计在这些方面也有着相应的要求,总体来说,服装设计要以人体作为设计的根本出发点,以流行作为设计的参照体系,以社会认可作为设计是否成功的评判标准。

(一)以人体为设计的出发点

服装设计艺术与其他设计艺术有一个重要的区别,即服装设计艺术的基本出发点是人体,人体生理结构和造型的特殊性决定了服装设计存在着很大的局限性。

第一,服装要求可以穿着在人体上,否则纵使它的构思再巧妙、再优美,色彩再绚丽,也不能将之称为服装。这一特点,无论是纺织品艺术、多媒体设计艺术、环境设计艺术,还是建筑设计艺术都是不具备的。服装只有穿在人体上,才是我们所定义的服装设计概念中的服装。

第二，服装要能满足人们基本活动的需要。人是不断处于运动之中的，不一样的运动状态对服装的性能提出了不同的要求。例如，在礼仪场合，人们的举止需要优雅得体，运动幅度较小，这时对服装的运动性能就考虑的较少；在休闲时光，人们游山玩水，运动幅度较大，这时就需要着重考虑服装的运动性能，保证其舒适性；在睡眠时，人们的身体处于放松状态，这时的服装最重要的条件就是舒适，不能妨碍人体的休息。只有符合并满足了人们的基本需求，那些在造型、装饰、色彩上的设计才有意义。

第三，人在世界上是最美的有机体，服装设计的任务就是发觉并衬托人的美。人体的美包括了皮肤、体型、发型、五官等多方面。服装设计不仅仅需要考虑人体运动的性能，更重要的是要表现出人体本身所具有的美感。因此，服装设计的造型要以人的体型、比例为依据，服装设计的面料要以人的生产、生活为依据进行选择，服装的色彩要以人的肤色、发色为依据进行确定，使色彩的搭配更加协调。

总而言之，在服装设计过程中，要综合考虑各方面因素，而人体是这一切活动的出发点，是这个过程中必不可少的依据。因此，服装设计师必须对人体的构造有充分的了解，对目标对象的各方面身体特征了若指掌，并以此作为出发点和依据，一切都围绕人体而展开。只有这样，服装设计才是有源之水，有本之木。

（二）以流行为设计的参照系

流行有着相当广泛的范围，包括服装、日常用品、建筑、舞蹈、音乐、体育运动等，但在服饰文化中的表现尤为突出。作为一名服装设计师必须了解时尚、抓住流行的趋势，才有可能设计出独特、别致、新颖、符合人们审美需求的服装新品。

服装的流行信息量比较大，包括服装的造型、色彩、面料、装饰、图案、细节等方面。流行与个性是相互矛盾且共存的，设计时要注意：一方面必须时刻把握流行的趋势，参照流行趋势进行设计；另一方面要结合品牌的风格与设计师自身独特的设计特点，在两者之间寻找结合点，以达到完美的平衡。恰到好处地利用流行需要关注以下几个方面：

1. 社会的经济因素

社会经济是否发达对服装的发展变化产生影响。如果社会经济富足、繁荣，人们就对服装有较大的需求量、对款式的需求更新也就更快，促使服装设计师不断创新，不断涌现新的服饰潮流。反之，如果社会经济萧条、不景气，人们首先面临的就是生存问题，对服饰的需求量就会大大减少，更不必说对服装款式的要求，这时，人们的购买力降低，服装的生产力下降，服装趋势的变化发展就会趋于缓慢。

2. 重大的社会事件

流行是随着时代发展产生的，会受不同时代的思想政治、经济文化和发生的重大事件等客观因素的影响。从流行发展的规律来看，每次发生社会重大事件，都有可能产生新的服装流行。日本时装评论家大内顺子（Ouchi Junko）在对第二次世界大战后的流行进行分析时说："找一找这每五年一变的时装潮流的转折点，就会发现在各个转折点上都有相应的社会事件发生。这些事件也将决定后面几年间的世界政治、经济气候。时装设计师就是把这种潮流具体表现于服装上的人"。

3. 人们的心理变化

人们衣柜中的衣服以越来越快的速度更新，在这样的心理需求下诞生了快时尚。流行趋势的形成是有依据的，人们的审美心理特性是喜新厌旧，是流行得以存在发展的重要心理基础。因此，对于服装设计师，任何脱离社会、抓不住时代流行特征和时代演变的重点、把握不住穿着者需求的、没有个性与特色的设计是难以生存的，也是不容易被大众所接受的。

4. 流行的周期性

反复是一种自然规律，在服装的流行中表现为流行的周期性，即每隔一段时间类似的流行现象就会重复出现。社会环境对流行的周期性产生影响。经济基础和上层建筑直接左右流行周期的长短。对服装的流行趋势进行预测，有敏锐的洞察力，熟悉掌握服装的演变规律、多变化的因素，有一定的美学基础和分析能力，时刻关注国内外经济、政治、科技、文化、教育的发展与动向，熟悉服装本身所具有的属性，了解市场反馈的信息是服装设计师必须具备的基本能力与专业素养。

（三）以社会为设计的评判者

什么是"好的设计"？很多设计奖项和竞赛的评选都在试图评出"好的设计"，但评选的结果往往是见仁见智的，有的大奖得主获得大家交口称赞，令人感觉实至名归，而有的大赛获奖名单一经公布便引来争议不断。可见，人们对于"好的设计"的看法是不同的，存在着较大的差距。那么，到底怎样的设计才是好的？如何能够给出客观公正的评价？对于服装设计的评价可能要分成两种情况区别对待。

对于设计大赛，人们在评价一个设计是否为"好的设计"的时候，一定程度上倾向于依据工艺美术运动中的那些浪漫主义改革者的众多理想中发展而来的一些原则，包括技艺方面和美学标准，这一点往往在一定程度上会受到评委个人因素的影响。

对于商业设计，评判标准是严格而残酷的，即能否被消费者接受，能否被市场接受。如果设计受到市场的欢迎和人们的喜爱，那么就是成功的设计。在早些时候，一些服装设计师是不接受这一观点的，他们认为自己的设计符合美学标准，是消费大众不懂得设计的美。时至今日，服装设计作品投放市场后的市场反应已成为检验服装设计师能力、检验设计作品是否成功的唯一标准。这一观念对服装设计大赛产生影响，不少大赛把作品的市场化程度作为评判指标之一。

成熟的服装设计师都深谙此道，不敢轻视市场与消费大众，因为消费者是设计师的衣食父母。这并不是说服装设计师要完全放弃个性，被市场牵着鼻子走，这样也是没有前途的。正确做法是尊重市场，了解人们的心理特点和真实需要，为人们设计出贴合他们心意，符合他们需求的产品，同时在设计中融入自己对服装的理解和创意，巧妙而无形地引导人们不断接受新的服装意识和概念。因此，服装设计师既要接受社会大众的评判，也不能完全落入俗套，要能够使自己的想法充分表现出来。只有这样，设计作品才可能被大众所接受，同时设计师也才有旺盛而持久的设计生涯，这种是需要不断积累和磨练方能达到的境界。

第三节　服装设计程序与生产流程

服装设计最后以产品的形式呈现，通过在商场的销售，穿在消费者身上，靠人体展示才得以完成。其过程大致要经历准备阶段、构思与设计阶段、结构设计阶段、样衣制作阶段四部分。下面以成衣生产为例来介绍服装设计的工作程序和内容。

一、服装设计程序

（一）准备阶段

成衣的设计指导思想是以经济价值为导向、实用为前提、符合大众审美为目标的设计。作为成衣服装必须有生产规模批量化、产品规格标准化、产品定位市场化的特征。成衣的消费群体是庞大的，一方面，设计师的设计受到群体消费的制约；另一方面，设计师的作品要靠消费者的参与与支持。设计师如何适应变化多端的消费市场而不断推陈出新，并设计出与流行时尚同步的产品呢？把握流行的命脉，采集并分析时尚信息，是准备阶段的第一步。

1. 流行信息的采集

服装的流行是服装文化的潮流按照一定规律循环交替而流动风行成为主流的现象。时尚流行信息资源包括四大主流：专业领域、市场信息、社会信息和季节信息。

（1）来自专业领域的信息。服装流行信息的来源，首先，是五大时装中心的服装流行主题的发布。其次，是权威流行预测机构发行的主题趋势预测，即根据服装流行的规律和趋势，针对现行的服装行情，对下一季服装流行现象进行有预见性的报告，如美国色彩协会、美国棉花协会、中国流行色协会等。他们权威性的流行预测发布是流行潮的风向标，对服装设计师把握、引导、顺应服装流行趋势提供专业性的方向指导。

（2）来自市场的信息。服装产品的终极目标是市场，即得到市场的认可和消费者的青睐。所以认识市场、了解市场、分析市场、预测市场是设计工作中极其重要的一环。服装市场信息包括有关服装设计、生产和销售的情报资料、市场需求等。其中，面料是服装设计的要素之一,是服装款式的载体,面料的流行在很大程度上影响服装的流行。在设计中,设计师往往会因为找不到能够表达自己设计意图的面料而懊恼。所以平时就要注重认识、观察、收集面料。另外,要重视面料展览机会,这能帮助设计师捕捉到重要的流行信息,并且要将这些信息加以分析整理,以备设计之需。消费者的反馈信息更加不容忽视,他们之间的相互传播和影响形成了消费的主流。流行的信息渗透在生活的方方面面,通过电视、互联网、服装展示会、出版物等都可获得一些流行的信息。

(3)来自社会的信息。服装流行意味着人们的服饰及心理审美标准的变化,它反映在不同时代和社会环境条件下人们个性表现和社会之间的平衡与协调,它象征着时代的风貌和精神,包含着政治科技及文化历史传承、社会思潮、地域民族风格等方面的因素。这些因素都有可能影响、制约流行趋势。有时一些突发的政治事件、影视文化的影响,也会产生意想不到的流行趋势。"偶然"孕育着"必然",再加上媒体的推波助澜,使消费者产生一种追随时尚精神和行为的需要。消费者从媒体中得到消费指南,企业通过消费者得到信息反馈,再把生产的最新流行产品情报透露给媒体,这样互为动力,构成了流行的信息领域。所以设计师应关注文化、关注政治、关注新闻、了解历史,对流行信息练就出职业的敏锐嗅觉,并且分门别类地对比分析众多的信息,筛选出有价值的信息,以此作为设计的依据。

(4)来自季节的信息。我们生活的自然环境,春、夏、秋、冬四季分明,成衣的设计生产应在每一个季节到来之前就做好准备,迎接新的季节的到来。提前将商品投放到市场,在季节性销售中随时了解产品的销售信息,控制生产量,以免造成生产产品积压。

2. 产品定位

产品定位指生产的服装适应于某一市场层面,是在明确了面向的消费群体、地域后确定的品牌风格，并在市场中有一个适当的定位。对产品类型的定位是建立在对市场的深入调查，对消费者的深入了解的基础上的。

以市场调查和企业品牌战略对产品的要求为依据，确定品牌定位。品牌的定位是设计的基础，设计只有在方向确定后，才能够迈出坚实有力的步伐。

（1）品牌类型定位。品牌是一种名称和标志，不同的品牌为不同的阶层和社交圈提供服务。品牌具有自己的企业文化和个性特征，不同类型的品牌被不同层面的消费者接受、认可、信赖，并且和其他同类产品有所区别。不同的品牌类型如图1-9所示。品牌类型的定位确定后，还应注意维护好企业的利益。品牌是企业的无形资产，不同类型的品牌都享有专利权。品牌专利权经过法律程序的认可，受到法律的保护，其他个体和企业不得仿冒伪造。品牌经营要规范运作，不断提高并强化品牌风格，这样品牌价值的空间才会得到扩张。品牌定位后就要专注在这一层面上开拓产品，巩固品牌的市场地位。

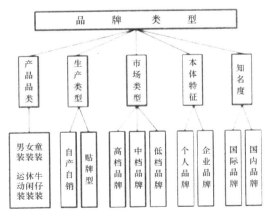

图 1 - 9　品牌类型

（2）消费人群定位。层次不同的消费者构成了各种类型的消费群体。庞大的消费市场是由多种气质、多种层次、多种审美取向的消费人群共同组成的，包括不同的经济状况、性别、穿用时间、文化程度、生活状态、场合、习俗等。他们的消费习惯各不相同，在挑选服装时，有的追求个性，要求标新立异；有的紧跟时髦，盲目冲动；有的要求经济实惠，价廉物美。有的人以新为美，有的人以流行为美，有的人以高贵为美，有的人以怪诞离奇为美，诸如此类，各不相同。设计师不奢求对所有消费人群都面面俱到，不求包囊所有服装消费层面的利润，而是要找准目标消费群体，按照自己的品牌定位，进行特征化、风格化的设计。

（3）产品风格定位。风格是指作品所体现的艺术特点和思想特点。风格渗透在作品的骨子里，体现在形式上，形成了鲜明的个体特征，它受到包括社会、时代、历史、文化、经济、政治、地域等因素的影响。现在主要的时装流派与风格有：野兽派、新艺术派、雷特罗派、超现实主义派、俄国服装派、立体派、日本服装派、古典派、未来派、视幻艺术派、浪漫派、波普艺术派、构成派、极少主义派、后现代派、新古典主义风格、古典主义风格、嬉皮士风格、朋克风格、雅皮士风格、哥特风格、中性风格、解构主义风格、迷你风格、民族风格、巴洛克风格、巴洛波西米亚风格、洛可可与后巴洛克艺术派、迪考艺术派等。但对于普通大众来说，日常接触较多的服饰风格，有欧美、日韩、百搭、淑女、中性、通勤、嘻哈学院派、嬉皮、OL风格、朋克、波西米亚、田园、简约、街头、洛丽塔、民族、中性和淑女风格等。

3. 成衣产品的设计与开发

成衣产品首先要体现在它普遍性的大众化风格上，其规格型号的设定要准确、科学、规模化、细致化，产品造型设计要雅俗同赏，产品质量在消费者心目中要有形象、有信誉。不仅材料的性能要好、板型要优美、工艺要精良，而且要有较强的产品特色，这样才能更容易地激发消费者的购买欲。由于成衣生产的批量化、规模化及生产成本低廉化，成衣设计生产企业能生产出大量不同款式、不同风格、时尚新颖又价廉物美的服装，使广大的普通消费者都有能力承受并乐于购买。

大众化成衣款式更新换代很快，对于流行事物、各种文化思潮能在第一时间做出最敏感的反应，代表了最广泛的流行风尚和时代文化。各种人文内涵、艺术风格兼收并蓄，非常明显地体现在成衣设计的艺术风格中。

（二）构思与设计阶段

这是一个以设计师为主体的工作环节。设计构思时首先明确主题，而后面料的选择、款式的构思、色彩的确定都应围绕着主题展开。因此，首先提出了设计概念。

设计概念包括色彩、主题、面料和造型四个方面。设计概念是企业季节性生产和营销的方向，每一季度的设计概念的提示都要承袭品牌的基本风格，且品牌的基本概念要贯穿始中，其内容必须清晰、明了、容易理解（图 1 - 10）。

1. 主题的选择

设计的主题是服装的中心思想，是核心内容的表达，可围绕品牌所追求的理念、推崇的生活方式开展，还可使用一些相关的照片、杂志中的图片，烘托和诠释主题。在选择展示设计概念的图纸时，应当关注纸的颜色和质地，使之与设计主题吻合。图纸的规格可选择大、小两种规格。

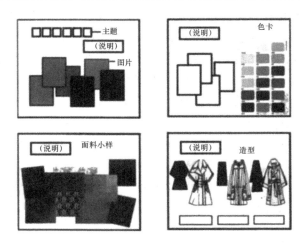

图 1 - 10　设计概念图

2. 色彩的选择

围绕主题提出配色方案，明确点缀色和基础色。这一部分内容包括文字说明、服装形象照片和色卡三部分。

3. 面料的选择

要选择符合主题风格并且时尚流行的面料，将这些面料小样组合在一起，并加以简明扼要的文字说明。

4. 具体款式的构思

在设计概念的基础上，围绕主题进行构思，这是对具体服装造型的全方位构思过程，在这个过程中，会闪现出很多灵感，这时可用设计草图的形式表达出来（图 1 - 11）。设计师手稿的数量显示着构思的力度和深度。在大量的构思草图中，选择最佳方案，以便绘制出正规的服装款式图和服装效果图。

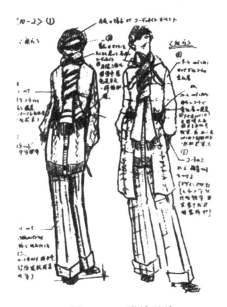

图 1 - 11 设计手稿

5. 设计的表达

设计表达是将成熟的服装形象的构思用绘画的形式表现出来。这要求要绘制出款式效果图,除了必要的文字说明外,还要直观地表现出款式造型的特征。设计表达方式常用的有服装款式图和服装效果图。

款式图是用线描的手法表现服装样式的一种方式,只需用简洁的线条勾画出服装的外部轮廓造型和款式细节,包括结构线和局部的变化等。只要画出款式图就可进行服装制作,它是服装设计与生产最快捷的方式,主要用于服装效果图中款式正背面细节说明及服装定货单、生产工艺单(图 1 - 12)。

图 1 - 12　服装设计款式图

　　服装效果图是表现服装效果的总体绘画，反映人与服装的关系，考虑的是用人体的动态运动充分展示服装。与时装画相比，它较注重工艺效果（图 1 - 13）。

图 1 - 13　服装设计效果图

（三）结构设计阶段

设计指将服装款式的各个部位设计为平面的衣片纸样，并将其创造成为立体产品的过程，是将平面的款式图转变为成衣的手段（图1-14）。

一般的服装企业都有自己的打板师，他除了具备将不同款式转变成"板型"的能力外，还熟悉并掌握着各种服装面料性能和缝制工艺方面的知识，能将款式设计师的设计构想变为实际的成衣。

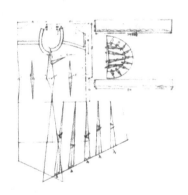

图1-14　服装设计结构图

（四）样衣制作阶段

样衣是指服装批量生产之前制作的样品。样衣分为设计样衣和工业样衣。设计样衣是指服装公司或工厂的设计人员设计制作出的衣服样品。工业样衣是指根据客户提供的服装款式制作生产的样品。

这类样衣是以服装设计效果图所表现的造型和着装效果为依据，选择相应的材料，通过绘制服装结构图，裁剪并缝纫，使设计图实物化的过程。样衣制作一般按以下步骤进行：

1. 纸样裁剪

根据服装效果图或款式造型，标出服装各部位尺寸，画出1：1的裁剪图，裁剪出样衣的纸样。纸样所选用的纸应该是韧性较好的牛皮纸。领样、袋样、盖样则选用较厚的硬纸壳。

2. 坯样检验

纸样做好后应做坯样，即用坯布或与批量生产的服装面料相似的布料，按纸样形状裁剪后，缝合制作成服装。坯样的制作是把平面的纸样转化成为立体的服装形态的过程，由于坯样更为直观，也更接近服装的实际效果，更有利于检验纸样成衣效果的准确性。在坯样上进行调整和修订，同时进一步协调服装造型中各个局部与整体造型的关系。经过坯样的一系列验证和对纸样的反复修改后，形成最终的准确纸样。这种为设计样衣而制作的纸板通常称为"设计样板"（图 1 - 15）。

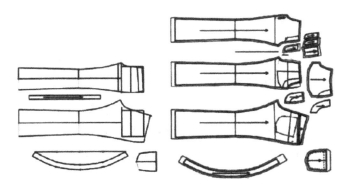

图 1 - 15　设计样板

样衣样板一般采用国家统一服装号型的中间号型尺寸绘制，以方便同一服装的大小号模板的缩放。样板上要标明服装裁剪的经纬方向，以便于裁剪、排料（图1-16）。样板应编号归类，以方便使用、存放。

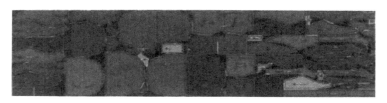

图1-16　排料图

3. 样衣缝制

样衣的缝制是在坯样经过检验、补充、修定之后，达到了准确、合理、满意的效果，按照服装样板进行实际生产产品的面料裁剪，然后根据制作工艺的步骤，一步步完成服装缝制。

样衣的制作过程是拟订工艺流程的过程，是科学地安排生产工艺流程、提高生产效率、保证产品质量、降低生产成本最根本的保证。

二、服装的生产流程

服装生产是一项比较复杂的工程，必须按照一定的流程才能有条不紊地完成。以下是服装生产的几个主要环节。

（一）设计环节

1. 款式设计

一般来说，大部分有规模的服装企业都会雇用设计师来设计新款服装，以满足顾客的需求。设计工作主要包括两方面的内容：一方面，设计师需要根据流行趋势和市场信息来设计并绘制各款服装；另一方面，设计师根据设计的服装款式，还要选择合适的面料、辅料，并了解服装厂的设备和工人的技术。

2. 样板设计

款式设计完成之后，需要按照设计的款式图绘制纸样。在成衣行业中，第一个绘出的纸样一般称为头样或原样，而头样通常是标准尺码或中间尺码。样板均为加放缝份后的毛板，还要画出面料的经纱方向，打出对刀剪口、定位孔等标记，并标明号型规格。

3. 样衣制作

初步的头样完成后，根据头样缝制样衣。样衣制作通常只做一件或数件样品，由板房内技术熟练的样衣工人来完成。当样衣完成后，如果某些地方不符合设计师或顾客的要求需要进行修改时，通常都需要从初步的头样开始改动，可能需要反复数次修改，直至顾客满意为止，这时样衣制作才算完成。

4. 纸样放码

当服装样衣为客户或者公司内部确认之后，下一步就是按批量生产要求绘制不同尺码的纸样。将标准纸样进行放大或缩小的绘图，称为"纸样放码"，又称"推档"。目前，服装厂多采用服装CAD系统来完成纸样的放码工作，在不同尺码的纸样基础上，还要制作工业样板。

（二）裁剪环节

1. 订购和检验面辅料

纸样和样衣最终确认以后，就需要根据生产所需订购面料及辅料。这个环节需要给予重视，否则很容易出现问题：估计用量过多会造成资金浪费，估计用量过少可能导致延迟交货；如果面辅料出现质量问题，在成品时才出现，严重者可能导致客户退货，造成更大的损失。

为确保所投产的面料质量符合成衣生产要求，面料进厂后要进行数量清点以及外观和质量的检验，没有经过检验合格的面料不可盲目投入生产。通过对进厂面料的检验和测定可有效地提高服装成品的合格率，这是把好产品质量关的重要一环。

面辅料检验项目很多，如面料色差、疵点、缩水率的检验，黏合衬的黏合牢度、温度、压力的检验，拉链的顺滑程度、尺寸长短、横拉强度的检验等。对不能符合要求的物料不予投产使用。

2. 裁剪

裁剪前先要根据样板绘制出排料图，"完整、合理、节约"是排料的基本原则。

整个裁剪工艺过程都需要认真控制每一个细节，以确保裁片的品质。这项工作可以再细分为以下各项工序：

（1）制订裁剪方案。裁剪车间接到生产任务单后，首先要制定一个合理的裁剪方案。内容包括：确定铺布的床数、每床铺布的层数、每层面料剪切的规格数和件数等内容。这样，不仅使排料、铺料等工作能顺利进行，而且提高了裁剪的效率。

（2）排唛架。为了准确裁剪大量成衣，需采用特别的裁剪工具来完成。把确认后的纸样画在和所裁剪面料等宽的裁床专用纸上，并排列成一个组合，这个组合在行内叫排唛架。唛架的作用是把面料的用量降到最低，通过唛架计算出最准确的用量。唛架的编排是一项技巧工作，必须考虑多项技术需求，如布纹的方向、布料的幅宽、布料的性质、尺码的组合及预备拉布的长度等。目前，这项工作都由计算机辅助完成。

（3）铺料及裁剪。铺料的任务就是按照唛架的长度以及裁剪方案所确定的床数和层数，把面料一层一层地平铺在裁床上，然后整理面料，使布面平整、布边对齐、减少拉力。整理好之后将唛架放在整叠衣料上面，然后，裁剪技工会按照唛架上衣片的形状来裁剪衣料。如果款式需用里布或衬布，所需的过程也大同小异。

3. 验片、划号、黏合、分包

裁剪完成后，为了保证服装的质量和缝制工序的顺利进行，裁剪车间还要对裁片进行验片、划号、黏合与分包等工作。

（1）验片。验片是对裁剪质量的检查，目的是查出不合要求的衣片，将其更换掉，避免不良衣片流入缝制工序，影响生产的顺利进行。检查后对不符合要求的裁片，要及时修补好，不能修补的则要进行补裁。

（2）划号。划号是把裁好的衣片按铺料的层次由第一层至最后一层打上顺序号码。划号的目的是为了避免服装形成色差。缝制时必须将同一编号的裁片组成一件服装。划号还可以避免半成品在生产过程中发生混乱，便于出现问题时查对。

（3）黏合。为了增加服装的耐用性和美观度，在某些衣片上需要黏合衬布。裁片在进入缝制车间前，利用黏合设备对需加黏合衬的裁片进行黏合加工。黏衬工序需要控制好时间、压力和温度三要素。根据黏合的效果进行调整黏合机器的运行速度，达到黏合的最佳效果。

（4）分包。为了方便生产、避免混乱，裁片投入缝制车间之前还要进行分包捆扎，按编号将一件衣服的所有衣片放在一起。分包时，要注意不要打乱编号，小片裁片不要散落丢失，捆扎要牢固，由裁剪车间送至缝纫车间继续加工。

（三）缝制环节

缝制是整个服装加工过程中技术性较强，也较为重要的成衣加工工序。它是按不同的款式要求，通过合理的缝合，把各个衣片组合成服装的一个工艺处理过程。

1. 缝合

缝合是服装加工的核心工序。根据款式和工艺要求，服装的缝合可分为机器缝制和手工缝制两种。一般来说，车缝工序都是按照流水线进行，由不同的工人来车缝衣服的不同部分。

2. 整烫

服装加工过程中，除对衣片各部位进行缝合外，为使服装成品各缝口平挺、造型丰满、富有立体感，需要对服装进行大量的熨烫加工。熨烫一般可分为中间熨烫（小烫）和成品熨烫（大烫）两种。中间整烫是在缝制加工过程中，穿插在各缝纫工序之间进行的熨烫工作，包括部件熨烫、分缝熨烫和归拢熨烫等。成品熨烫是对缝制完的服装成品做最后的定型、保形以及外观处理。目的是保证服装线条流畅、造型丰满、平服合体、不易变形，具有良好的穿着效果。

3. 检验

缝制、整烫完毕后，就要进行成衣品质检验，这是使产品质量在整个加工过程中得到确认的一项十分必要的措施，在服装生产过程中起着举足轻重的作用。

成品检验的内容包括以下三方面。一是外观质量的检验。这是对成衣整体造型及各个部位的检验，主要检查左右是否对称、高度是否一致、线条是否流畅、有无明显错误等。二是尺寸规格的检验。这是对照工艺技术标准，用量尺测量成衣各部位尺寸，检查成品的尺寸是否超标。三是加工质量的检验。此项检查的内容与产品的种类和要求密切相关，通过目测、对比、尺量等方式，对照工艺要求，检查服装的加工质量。检验人员需根据一定的标准来判定产品合格与否，属于允许范围内的差距判定为合格品，超出允许范围内的差距判定为不合格品。

（四）包装环节

包装的目的一是确保服装呈良好的状态被运送到指定地点，二是为了激发消费者的购买欲望。操作工人按照包装的工艺要求将每一件制成并熨烫好的服装整理好，放在包装袋里，运送到交货地点。

第二章　服装设计要素

世界上的一切都是由特定的元素组成的，无论是有形的还是无形的，如人体、海洋和音乐。服装设计也是如此。从客观的角度来看，对服装设计的分析，理解构成服装设计的要素是服装设计师必备的专业基础，也是未来服装设计的重要技术资源。本章介绍服装设计中的面料、颜色和造型元素。

第一节　服装设计的面料

面料是服装的载体。俗话说，巧妇难为无米之炊。服装设计也是如此。因此，面料的重要性是不言而喻的。设计师经常根据面料的质地、图案和情感氛围创造灵感。为此，私有和国有服装公司在其仓库中都有各种各样的面料供设计师在设计服装时选择和采用。自 20 世纪 80 年代以来，设计师发现面料在服装设计中的作用正在逐步加强。在构成服装的三个要素中，面料的重要性已经超越了造型，并且上升到了第一位。通过第一时间掌握并拥有新颖的面料，任何人都可以在竞争中获胜。为了提高企业的绝对竞争力，许多服装设计师开始进入面料设计领域。

一、面料的性能

为了设计带有织物的服装，设计师必须熟悉织物的性能。由于织物是用各种纤维编织而成的，因此各种纤维具有不同的物理性质和化学性质，从而产生多面织物特征，这反映在不同的表现形态、视觉效果和触觉效果上。

（一）表现形态

纤维的比重和表面张力是不同的，因此织物具有不同的表现，如横向膨胀和纵向变形。通常，织物由于其纵向变形而被称为"悬垂"，并且其表达是"悬垂感"。一些早期的化学纤维织物，如尼龙、腈纶、聚丙烯等，缺乏悬垂性，由它们制成的衣服具有横向膨胀的效果。之后，它们与天然纤维或黏胶纤维混合，具有强烈的悬垂性，后来经过与天然纤维或悬垂感强的黏胶纤维混合交织后的改良处理，逐渐加强了他们的悬垂效果。新的面料，如通过交织80％涤纶和20％棉制成的印花绉纱，比天然面料更具悬垂感。

针织面料和机织面料具有不同的悬垂形状。针织织物是通过将纱线弯曲成线圈而形成的织物。它有多种款式可供选择，包括经编和纬编。由于针织工艺的特殊手段，针织物具有很强的拉伸性和弹性，并且线圈结构的可变性使其具有强烈的悬垂感，这是织物无法实现的。

由于厚度、质地结构、纤维比重和纤维厚度的差异，织物具有不同的流动感，这是织物的另一种表现形式。轻盈、透明的丝绸、纱线、针脚等都是柔软的面料，而重质材料，羊毛和羊绒则没有飘逸感。

（二）视觉效果

在视觉上，可以得知面料是透明的还是不透明的，挺括的还是柔软的，反光的还是吸光的，厚重的还是轻薄的。

（三）触觉效果

触觉效果被称为手感，用手抚摸可以得知面料的柔软度、硬挺度、光滑度、滞涩感、褶皱感、毛感、绒感等多种触觉效果。

二、面料的分类

面料是服装不可或缺的组成部分。它不仅是设计师设计的物质基础，也使服装超越了设计的效果。在如今日益丰富的服装材料中，如何充分发挥材料的本质特征来表达服装的外观，已成为一项不容忽视的内容。

（一）棉、麻织物

棉和麻织物是人类最早使用的材料，它们的外观粗糙而质朴。针织棉织物因其吸湿性、透气性和弹性而成为工业内衣设计的理想选择，机织棉和亚麻织物适合休闲和舒适的设计。

（二）丝织物

丝绸面料通常具有柔软、雍容、优雅的外观，是设计高端服装的首选材料，尤其适合高端女性。要设计丝绸面料服装，应特别注意内衬的选择，衬里的颜色、厚度和硬度应基于不损害真丝织物的穿着效果的原则。

使用真丝面料设计服装时应利用真丝织物悬垂的优点和优雅的光泽，尽量减少分割，否则容易留下难看的痕迹。

（三）毛织物

羊毛织物通常称为呢绒。他们有一种平静而庄严的风格。不建议在设计服装时使用过多的褶皱。但是，如果羊毛较薄，可以适当使用褶皱，以减少羊毛织物的严肃性和成熟度。过于花哨的装饰不适合羊毛布，但明显的轮廓和简单的分界线非常适合呢绒服装。

(四) 针织物

针织材料柔软有弹性，用于设计服装，展现人体曲线，使穿着者感觉舒适。由于针织物的各个部分是由针织机织成的，因此必须使样式尽可能简单并避免缝合。这不仅提高了生产效率，而且还保持了织物表面的质地和美感。此外，可以通过图案的虚实、颜色的拼接以及其他材料和针织物的拼接来设计具有不同纹理和样式的服装。

(五) 绒面革

绒面革是用于制作高端服装的材料。随着纺织技术的发展和人们环境意识的增强，人造绒面革几乎可以以假乱真，并逐渐受到人们的欢迎。由于皮质蓬松柔软，因此不适合设计更复杂的结构。因此，绒面革服装的设计应追求优雅简约的风格。裘皮服装设计还可以与其他材料相结合，使服装材料有机地结合，产生强烈的质感对比，丰富服装的变化。由于绒面革的绒毛和光泽使绒面革看起来成熟且充满特色，当绒面革与其他面料结合时，要注意整体风格的均匀性，颜色的对比度不宜过强，与它结合的材料应该是皮革，天鹅绒或丝绸。

(六) 皮革

皮革是一种经过剃毛并鞣制加工的兽皮。由于动物的种类、生长时间、生产条件和剥皮季节存在差异，它们的大小和质地会有所不同。此外，生产过程中不可避免的损坏和染色通常需要经过多次选择、拼接。因此，皮革服装的设计可采用多块面分割的形式，使其可以与皮革的外观相协调，可以满足生产的需要。

三、面料的外在特征

不同的织物编织过程、基本组织和后处理过程形成不同的视觉外观和纹理样式。面料的外观是激发设计师创造力的重要因素，它不仅影响服装产品表面的外观，还反映了每个季节的流行趋势。服装面料的外在特征总结如下。

（一）光泽型面料

光泽型面料表面光滑，并能反射出亮光，光泽分冷、暖，如锦缎、丝绸、仿真丝及带有闪光涂层的面料等。通常光泽强的面料给人以刺激性的冰冷感，柔和的光泽面料，整体感觉富丽、华美，如金、银缎等（图2-1）。

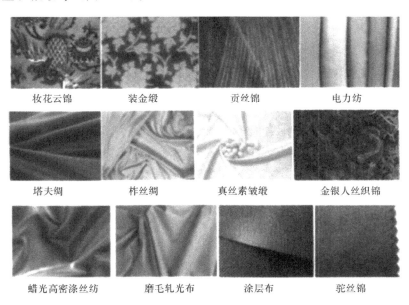

妆花云锦　　装金缎　　贡丝锦　　电力纺

塔夫绸　　柞丝绸　　真丝素绉缎　　金银人丝织锦

蜡光高密涤丝纺　　磨毛轧光布　　涂层布　　驼丝锦

图2-1　光泽型面料

（二）无光泽面料

无光泽面料的表面大部分是粗糙的，并且由于不均匀的成分，使得光反射是无序的，其效果与光泽织物的效果相反，会使着装人的身量在视觉上缩小，并保持样式不过分刺眼，能给人以高雅、稳重、严谨的感觉。例如，薄纱、泡泡纱、绉纱、稍加改良的苏格兰呢、细洋布、西服呢等（图2-2）。

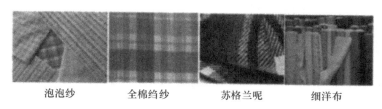

| 泡泡纱 | 全棉绉纱 | 苏格兰呢 | 细洋布 |

图2-2　无光泽面料

（三）伸缩型面料

伸缩型面料主要是针织材料，包括机织物和手工织物。这种类型的材料具有一定的张力且易于磨损，给人舒适自然的感觉。有多种机织面料，弹力纤维制成的面料，如氨纶包芯纱，或与莱卡交织的面料，如棉、麻、羊毛、丝、化学纤维等，并有不同的编织螺纹和编织方法的针织面料。它的品种非常丰富，如针织起毛、起绒织物、针织弹力呢等；手工编织面料，如毛衣、钩花织物等（图2-3）。

（四）薄透型面料

薄透型面料质感薄而通透，其质感分为柔软飘逸和轻薄硬挺两种，在设计上利用多种材料的重叠，可以营造出层次、隐约等意想不到的美妙效果。如印花织物、纱网织物、乔其纱、雪纺、蕾丝与各种网面织物等（图2-4）。

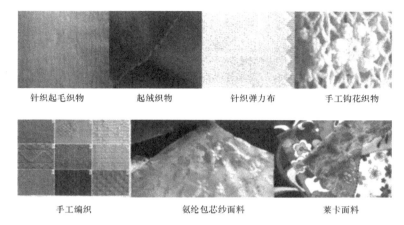

针织起毛织物　　　　起绒织物　　　　针织弹力布　　　手工钩花织物

手工编织　　　　　　　氨纶包芯纱面料　　　　　　莱卡面料

图 2 - 3　伸缩型面料

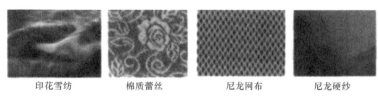

印花雪纺　　　　棉质蕾丝　　　　尼龙网布　　　　尼龙硬纱

图 2 - 4　薄型面料

（五）厚重型面料

厚重型面料手感厚重，有良好的保暖性，给人温暖、结实的心理效应，造型效果具有形体扩张感，如各类毛针织品、绒毛型面料、厚型呢绒和缝织物，具体品种有海军呢、麦尔登、法兰绒、制服呢、大衣呢、天鹅绒、平绒、丝绒、动物裘皮、人造毛织物等（图 2 - 5）。

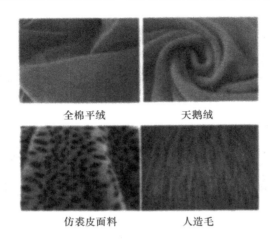

全棉平绒　　　　　　天鹅绒

仿羔皮面料　　　　　人造毛

图 2 - 5　厚重型面料

四、面料的组合设计

所谓的面料组合设计是选择在一组或一系列服装设计中使用哪种织物。根据所选面料的类型，面料的组合设计可分为三种方式。

（一）同一面料组合设计

相同的面料组合设计是面料设计中最简单直接的方式。选择相同织物的主要考虑因素是织物的手感、质地和颜色。在质地和外观方面，必须达到设计师的造型要求，以满足穿着者的皮肤舒适度要求，并满足颜色的设计要求。

当组合相同的织物时，可使用更多的颜色组合。这时，设计师应该考虑颜色的对比度和匹配效果，包括单件服装的配色、服装系列的配色等，这些都属于服装设计的范畴（图 2 - 6）。

图 2 - 6　同一面料的组合设计

（二）类似面料组合设计

　　类似的面料组合设计是指在质地和外观上接近的不同类型织物的组合。例如，麻织物和棉织物的组合，斜纹织物和灯芯绒织物的组合，粗针织和细针织面料的组合。这种风格的组合可以使服装看起来不同，并且整体效果比单独使用一种织物显得更丰富。同时，由于复合织物在材料上相同或相似，因此它们具有相似的外观。

　　因此，组合起来的织物容易彼此协调。这种组合很难并且难以改变（图 2 - 7）。

（三）对比面料组合设计

　　对比是在设计中常常出现的概念，一般是指反差极大的事物，如对比造型、对比色等。对比面料是指外观上有极大差异的面料，如轻与重、厚与薄、透明与遮挡、柔软与硬挺、光滑与黯哑等。这种观感的强烈对比效果在近些年的服装设计中非常流行，因为其独特的视觉效果，很多服装设计师都喜欢采用此法。在对比面料的组合设计中最重要的问题是工艺问题。当面料在材质上差异极大时，在拼接工艺的进行中可能会遇到很多问题，如两种面料无法拼接或者即使可以拼接但接缝无法平整美观（图2-8）。

图2-7　类似面料的服装设计　　图2-8　对比面料组合设计

第二节　服装设计的色彩

一、服装色彩的特性

（一）服装色彩的实用性

在服装中使用颜色具有实用性。例如，夏天穿着浅色衣服，因太阳的光线反射而感觉凉爽；冬天穿着深色衣服，吸收阳光，感受温暖；战争中，野战服的草绿很容易隐藏；生活中，孩子们穿着五颜六色的衣服，引人注目，不容易发生交通事故。在服装中正确使用颜色可以为人们的生活提供便利。因此，它具有实用性。

（二）服装色彩的象征性

长久以来人们赋予色彩象征意义，并在现实生活中广泛运用具有标识性的色彩。例如，白色象征纯洁，是代表和平的颜色；黄色象征权利，是帝王的颜色；红色象征喜庆，是节日和新娘的颜色；黑色象征神秘、高贵；紫色象征性感、妖艳等。

（三）服装色彩的装饰性

时装画的配色方案通常使用强烈的装饰色彩，或对比、或柔软。简而言之，必须仔细改进和管理它们。强烈的装饰色彩不仅可以表达设计师的色彩意图，还可以获得良好的画面效果，尤其是具有民族风格的服装，具有各种图案和边框，使服装具有鲜明的特色和个性。

二、服装色彩的审美特征

色彩是人类与自然界相呼应的一个媒体，是展示个体差异的标识。它具有联想性、象征性与表情性的审美特征。

（一）色彩的联想性

当人们看到特定的颜色或颜色的组合时，会唤起大脑中相关的颜色记忆痕迹，眼前的颜色与过去的经验自发地联系在一起，并且通过一系列思维活动形成一个新的情感体验或新思维，这种创造性思维过程被称为色彩联想。颜色的关联可以分为具体的关联和抽象的颜色关联。颜色的具体关联是指颜色与客观存在的实体之间的相关性。例如，当你看到黄色时，会想到香蕉和菠萝；当你看到红色时，会想到苹果和太阳；当你看到蓝色时，会想到大海和天空。抽象的颜色联想是指直接设想某种哲学或抽象逻辑概念的颜色心理联想的形式。看到蓝色会让人们想起希望、宁静、凉爽等（图 2 - 9），看到红色会让我们想起热情、吉祥、自由、革命等（图 2 - 10）。这种颜色的联系来自经验。

颜色的关联是通过个人经验、记忆、思想和想法来投射颜色。一般来说，这种关联会有相似之处和共性，这是因为人们有类似的社交环境、成长模式和思维方式时，人们对事物和颜色的感受往往是相同的。

图 2-9　蓝色使人联想到静谧

图 2-10　红色使人联想到革命和热情

（二）色彩的象征性

色彩的象征意义是色彩情感的进一步升华，通过联想和概念转化形成的思维方式，可以深刻地表达人们的思想和信念。由颜色关联的结果形成的概念没有理论上的必然性。由于时代的不同，地域文化的差异，人们对色彩的象征性、关联性、暗示性也会有不同的理解。因此，所谓颜色的象征性并没有严格而准确的对应关系，但大致有一个共同的认同性。一般认为：红色象征热烈、革命、喜庆、警醒等；黄色象征忠诚、光明、轻柔、智慧等；蓝色象征沉静、深远、崇高、理想等；橙色象征香甜、成熟、饱满、温暖等；绿色象征和平、青春、生命、希望等；紫色象征神秘、忧郁、高贵、伤感等；褐色象征厚实、沉稳、随和、朴素等；灰色象征冷漠、孤寂、单调、平淡等；黑色象征严肃、深沉、罪恶、悲哀等；白色象征清净、纯洁、虚无、高雅等（图2-11）。但是各种色彩当明度、彩度稍有改变时，其象征性联想会产生极大的不同。例如，黄色加白提高明度后给人一种稚嫩的感觉，但一旦彩度降低就变为枯黄，马上会显得腐败、苍老、病态等；紫色加白提高明度后变为粉紫，不再显得忧郁，而是象征着明快轻盈；紫色稍偏红后也没有了神秘感，而是变得亲切了；各种非黑白混成的"灰色"，由于蕴含着三原色成分，不同于真正的"灰"的冷漠，在应用中则是具有相当亲和力的色彩。

图2-11　色彩的季节象征

（三）色彩的表情性

颜色的表达给人一种情感感染。不同颜色的刺激经常导致人们有不同的情绪。一些研究人员已经证明，不同颜色引起的生理和心理反应是不同的。正如德国色彩心理学家海因里希·弗里林所表明的那样，红色会增加血压，增加肾上腺素的分泌；而蓝色会降低血压，降低脉搏速率。法国心理学家弗艾雷的实验也发现了一个类似的现象：在彩色光线的照射下，肌肉的弹力会增加，血液循环会增快，红色的增加率最高，其次是橘红、黄、绿、蓝等。颜色的表情性决定了它是审美的重要对象。在主体和物体之间的审美关系中，它可以融情于色，也可以色表情，并且可以彼此相互作用。

三、色彩在服装设计中的应用

色彩在服装中的应用具有许多文化内涵。在应用色彩设计时，要特别注意色彩。

文化内涵是人与服饰审美和审美标准的潜在价值，具有不可忽视的潜在作用。服装设计师应注意色彩设计的应用：

（1）了解颜色的基本规律，掌握颜色的三个要素之间的关系，并阐明各种颜色的模式。

（2）在注重色彩美的前提下，努力传达色彩信息，使色彩语言更具针对性。

（3）熟悉服装的面料，使颜色的感情和面料的质地表现相得益彰。

（4）借鉴传统艺术和民间艺术等姊妹艺术的营养，借鉴自然色彩和异域色彩，借鉴色彩和情调的丰富表现。

（5）了解流行的色彩，注意流行的色彩，并用流行的色彩来把握时代的脉搏。

在色彩设计应用中，需要掌握以下几个方面。

（一）不忘服装色彩的民族性

服装色彩具有民族性。与国家的自然环境、生存方式、传统习俗和民族个性有关，颜色可以被描述为民族精神的标志。东西方人的不同气质心理直接影响着人们的审美观念和色彩体验。例如，法国和西班牙人民的热情充分利用了鲜艳的色彩，而严酷恶劣的自然条件和悠久的宗教哲学精神使得日耳曼人喜欢寒冷和苦涩的色彩。

服装色彩的民族性不仅仅指传统的民族服装，也不涉及复制古代或现存的东西，民族性应结合时代特征。只有把民族风格打造成具有强烈时代印记的民族性才能体现出真正的内涵。

（二）注重服装色彩的时代性

服装色彩的时代性是指在一定历史条件下服装色彩的总体风格、外观和趋势。每个时代都会有过去风格的遗物，未来风格将会崭露头角，但总有一种风格会成为时代的主流。服装颜色往往是时代的象征。流行的颜色是时代的产物。

服装色彩的时代性仅限于人们的审美观念和意识，社会文学思想、道德价值观等因素影响着人们的审美意识。在服装行业，加里布埃·香奈儿（Gablier Chanel）是第一个追求新型服装材料的人，如采用可收缩、柔软的针织面料，追求性能导向的线条性；如无领衬衫的设计，追求简约、优雅的色彩效果。"香奈儿"风格和色彩成为这一时期的代表性风格（图 2-12）。

服装色彩的象征性是指色的使用与服装关联的民族、人物、时代、地位、性格等因素相关。服装色彩的象征性包含极其复杂的意义。

早在黄帝轩辕时代，我国就有关于服装色彩的设制，使用不同的色彩显示身份的尊卑、地位的高低。黄色在古代中国被称为正色，既代表中央，又代表大地，被当作最高地位、最高权力的象

图 2-12 加里布埃·香奈儿女士身着经典的香奈尔套装

征。服装色彩有时也能象征一个国家和其所处的时代。18 世纪法国贵妇人的服装明显暴露了洛可可时代优美但烦琐的贵族趣味，色调是彩度低、明度高的中间色，如豆绿、鹅黄、明白、粉红、浅紫。一些特殊职业的职业装色彩往往也带有很强的象征性，如邮电部门所采用的绿色（这种绿是专门订染的）类似于橄榄枝的色彩，寓意着希望与和平（图 2－13）。

图 2－13 中国邮电工作制服

（三）强调服装色彩的装饰性

服装色彩所体现的装饰性包含着两层含义：一是指服装表面的装饰；二是指有目的地装饰于人。

第一层含义的装饰多以图案形式表现（包括简单的色条、色块等），加上附属的辅料、配饰，装饰特征非常强烈。服装本身成了装饰的对象。我国古代宫廷服装以及近现代华丽的旗袍、晚礼服等，服饰色彩都具有浓厚的装饰性。

第二层含义的装饰主要围绕人，着重于服装色彩与着装者的体态、着装者的精神、着装环境的协调等，人成了装饰的对象。我国俗语："男要俏，一身皂；女要俏，三分孝"，就是这个意思，以色彩的深沉反衬出着装者的靓丽。在这里，服装衬托着人，服务于人，服装成为人的装饰物。

（四）考虑服装色彩的机能性

基于服装实用性的颜色处理方法称为实用功能颜色匹配。职业服装的颜色设计属于这一类，职业服装也叫工作服，除了劳动保护功能外，它还具有专业标识的作用，其中颜色占据着非常重要的地位。不同风格和颜色的职业服装不仅可以培养人们的职业荣誉、振奋精神、还有助于工作。例如，当我们看到穿着制服的警察时，内心自然会感受到威武而庄严的感觉。一旦警察穿着制服，自尊心、自豪感和责任感就会上升，变得更加投入工作，同时也会促进他们行使职责。外科医生和助手的长褂、口罩和帽子大多是绿色或浅蓝色，可以在红色环境中使用。军服色彩的运用除了美丽和严肃性外，更为重要的是在军队中具有特殊功能。

（五）关注服装色彩的宗教性

宗教是一种社会意识形态，宗教不同也体现在衣服的款式、颜色上的区别，就是信奉同一宗教的不同国家、不同地区以至不同的教派也会出现偏差。我国汉族的祖衣为赤色，五衣、七衣为黄色；僧人着黄色大衣，平时穿近赤色中衣。明代皇帝曾规定：修禅僧人常服为茶褐色，讲经僧人为蓝色，律宗僧人为黑色。

各具特色的宗教艺术对现实生活中的着装影响很大，不同宗教对于服装的色彩纹样有不同的限制和规定。例如，新娘穿白礼服举行婚礼是基督教的产物。基督教规定：只有初婚者才能穿白色礼服以象征纯洁，再婚者则要穿有颜色的礼服。

第三节　服装设计的造型

点、线、面和体被称为形态元素，是所有造型艺术的基本元素。点、线、面和体彼此相关，可以相互转换，相对而言，难以进行严格的区分。例如，点继续成为特定方向上的线，并且线被水平布置成面，并且面被堆叠以形成体。形态中的点、线、面和体也是相对的。树可以被视为相对于森林的一个点，但是与树相比，树是一个体。

"点、线、面是造型艺术表现的最基本语言和单位，它具有符号和图形特征，能表达不同性格和丰富的内涵，其抽象的形态，赋予艺术内在的本质及超凡的精神。"

在造型方面，点、线、面和体是视觉诱导的心理意识。在服装设计中，点、线、面和体（包括纹理）是建模设计的基本要素。它们是建模元素从抽象到具象的转换。它们是抽象形式概念通过服装中的物质载体的具体表现。

一、点

"从内在性的角度来看，点是最简洁的形态"；"（它）是所有其它形状的起源，其数量是无限的。一个点的面积虽小，却有着强大的生命力，它能对人的精神产生巨大的影响"。点在设计中有活跃画面气氛、概括简化形象及增加层次感等作用，富有创意的设计师可利用不同材料、肌理形成点的设计，创造出独具个性的设计作品。

（一）点的概念

《辞海》对点的解释为：①细小的痕迹。如：斑点。《晋书·袁宏传》："如彼白圭质无尘点。"②液体的小滴。如：雨点。③汉字笔画的一种，即"、"。《英汉大词典》对点（Dot）的解释为：①点，小圆点。②点状物；微小的东西；少一点儿。③（莫尔斯电码中的）点（莫尔斯电码由点和画组成）。④［数］（代替乘号的）点；小数点。⑤［音］附点：顿音记号。

点是所有形式的基础。在造型中，点是具有空间位置并且具有大小、面积、形状、阴影甚至方向的属性的视觉单元，并且可以用作各种视觉表达。点可以以任何形式出现，如圆形、正方形、三角形、四边形等，或任何不规则形状。点是设计的最小单位和设计的最基本要素。

（二）点的种类

点的存在方式是多种多样的，在数量方面可以分为单个点和多个点；从大小上可以分为大点和小点；从形状上可分为几何形、有机形、自由形。单点是图片中的力的中心，它具有集中和固化视线的功能。它总是试图保持自己的完整性并具有强烈的视觉冲击力。在视觉形式中，点在生成的同时具有一定的大小。

（三）点的表情

不同的点所具有的视觉表情是不同的，其多样性与点被运用的目的及用于表现的肌理、材料具有密切的联系。不同的功能、目的、观念、工具、表现手段、材料、媒介呈现不同的点。

1. 点的大小与形状给人不同感受

大点给人感觉简洁、单纯、缺少层次；小点给人感觉丰富、琐碎、有光泽感、零落；方点具有滞留感和秩序感；圆点有运动感、柔顺和完美的效果（图 2-14）。

图 2-14 点的大小与形状

2. 点的位置不同就会给人以不同的感受

空间中居中的点引起视觉、知觉注意的稳定集中。点的位置上移产生下落感；点移至下方中点会产生踏实、安定的感觉；点移至左下或右下时，会在踏实、安定中增加动感（图 2-15）。

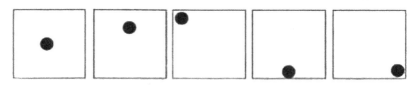

图 2-15 点的位置

3. 点的线化和面化

点按照一定的方向秩序排列形成线的感觉，点在一定面积上聚集和联合形成一个与外轮廓构成的面的感觉（图 2-16、图 2-17）。

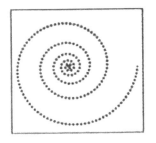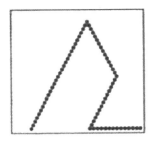

图 2-16 点的线化

图 2-17 点的面化

（四）点在服装设计中的表现

点在服装中有着十分丰富的表现形式，既可以单个点的形式出现，如小的 LOGO、拉链头、小型印花或刺绣图案、小的破洞处理、铆钉等，也可以多点的形式出现。以多点的形式出现在服装上的点的排列形式不同，就会产生不同的效果。例如，拉链齿、手针装饰、纽扣等作为点元素进行构成时，是以线状进行排列的；而一些小型几何图案、根据花型进行的烫钻、钉珠装饰则是以面状的形式出现的。

单独的点出现在服装中，往往会成为服装上的视觉中心，如胸花、腰扣等。这时，点的位置有着十分重要的作用，它对服装的重点部位起着重要作用，也是观赏者注意的焦点所在。当多个点出现在服装上时，以线的形式排列的点更多地表现出线的视觉效果，如直线效果、曲线效果等；以散点形式出现的点则会表现出面的效果。

二、线

线是人类用以描绘事物最常用的造型元素。原始壁画全部都是以线进行表现的，它最活跃、最富有个性，也最易于变化。

（一）线的概念

《中国大百科全书》对线的定义为：线（Line），美术作品的重要表现因素。按几何定义，线是点的延伸。其定向延伸是直线，变相延伸是曲线。直线和曲线是线造型的两大系列，有宽度和厚度，它是绘画借以标识在空间中位置和长度的手段。人们用线画出物体的形态和态势。

线是由运动产生的点运动的轨迹。在二维空间中，线是极薄平面彼此接触的结果，并且是面的边界线。在三维空间中，线是形状的外轮廓，是指示内部结构线。从设计的角度来看，该线具有位置、长度、厚度（宽度）、浓度、方向等特性。由于面积、阴影和方向的不同，该线可用于表现各种视觉性能。线具有出色的造型功能。线的聚集造成点，封闭的线造成面。

（二）线的种类

线从性质上可分为直线和曲线。从形态上可分为几何曲线与自由曲线。直线主要包括水平线、垂直线与对角线，其他任何直线都是这三种类型的变通。曲线包括波浪线、螺旋线等。

（三）线的表情

一般而言，几何形线具有有序稳定、单纯直率的特点；自由形线呈现无序而富有个性、自由而放松的特点。粗线具有力度，起强调的作用；细线则精致细腻、婉约。

1. 直线

直线具有力量的美感，简单明了、直接果断。其造型的关键是自身的张力和方向性。

（1）水平线：线是最简洁、直接的代表形式。它持续地呈水平方向无限伸展，相对安定、平静、柔和、无争，但又渗透出一种冷峻感。

（2）垂直线：完全与水平线相反，但与水平线一起被称为"沉默的线条"。攀升、庄重，其发展具有一切可能性，从而带来一丝温暖。

（3）对角线：由中分上述两条线得来，它通过画面的中心，在倾斜的方向造成强烈的内在张力，充满运动感。它敏感、善变，但又具有原则性。

（4）任意直线：或多或少与对角线呈偏离状，往往经过画面中心，也可能更加自由。对角线的大部分性格特点在任意直线中都是存在的，但极不稳定、容易失去原则。

（5）折线或锯齿形线：由直线组成，在两种或多种力的作用下形成的线形。它具有紧张、焦虑、不安定的感情性格。

2. 曲线

曲线具有弹性、圆润、温暖的阴柔之美。与直线相比，曲线的冲击性更弱，但蕴藏着更大的韧性——一种成熟的力量。

（四）线在服装设计中的表现

线在服装中是必然存在的，一件服装可能没有点的结构，但绝不可能没有线的结构。首先，服装的分割线就是不可或缺的线的构成；其次，服装的外轮廓也是线的表现；再者，服装的内部结构也或多或少的存在线的构成，如口袋、褶皱等。此外，还有一些以线的形式出现的装饰，如车缝线迹、狭窄的花边、流苏等。深受服装设计师们喜爱的条纹图案也是线的表现。

线将长短、粗细、松紧、方圆、疾涩、主从、连断、藏露、敛放、刚柔、动静等对立的审美属性统一在广阔的审美领域内，在相互对立、相互排斥又相互依存、相互联系中达到线条的和谐之美。恰当地运用几何形线和自由形线可构成线的形式美感。

衣服中线条的表现与线条的形状直接相关，衣服线条形状的差异会影响衣服的风格。直线爽朗、干脆、男性化的性格使服装具有严肃、干练、庄重、中性化的风格倾向。曲线柔美、圆润的性格则使服装表现出温柔、浪漫、可爱、妩媚、女性化的风格倾向。有时，只有改变线条形状才会改变服装的整体风格。因此，在调整衣服的样式时，改变衣服线条形状是常用的方法。

三、面

面是相对点和线较大的形体，它是造型表现中的根本元素。作为概念性视觉元素之一，无论对于抽象造型或是具象造型，面都是不可缺少的。

（一）面的概念

面是线移动的轨迹。直线的平行移动成为方形；直线的回转移动成为圆形；直线和弧线结合运动形成不规则形。因此，面也称形，是设计中的重要因素。点的大量密集产生面，点在一定程度上的扩大相对成面，线按照一定的规律排列产生面，线以一定轨迹呈封闭状造成面：如垂直线或水平线平行移动，其轨迹形成方形；直线以一端为中心呈半圆形移动可形成扇形；直线回转移动构成圆形；斜线向一定方向平行移动，并呈长度渐变形成三角形等。各种平面图形的产生方法数不胜数。面在三度空间中存在即是"体"。面形态在二维画面中所担任的造型角色较之点和线形态显得更为稳定和单纯。

（二）面的种类

根据面的形状，它可以分为三类：无机形、有机形和偶然形。由直线或曲线或直线、曲线的组合形成的面称为几何形状，也称为无机形状。它由几何规则组成，简洁明了，具有数理秩序和机械冷感特征，体现了理性的特征。通过数学方法无法获得的生物体的形式称为有机形式。它具有丰富的自然法则和规律，具有生活节奏和简单的视觉特征。例如，自然界中的鹅卵石和树叶都是有机的。天然或人工形成的形态被称为偶然形状，如水或墨水的随机飞溅，叶子上的昆虫眼睛等，因为结果无法控制，因此它们是不可逆转和生动的。

（三）面的表情

面的表情在不同的形态类型中呈现出来。在二维世界里，面的表情是最丰富的，随着面的虚实、形状、位置、大小、色彩、肌理等变化可以形成复杂的造型世界。

它是造型风格的具体体现。面的情感与表现手法相关：当轮廓轻淡时，就比使用硬边显得更为柔和；正圆形面过于完美而缺少变化；椭圆形面圆满并富于变化，于整齐中体现自由；方形面具有严谨规范感，易于呆板；角形面具有刺激感，醒目、亮眼；有机形面在心理上产生柔软、典雅、有魅力和具有人情味等感受。

（四）面在服装设计中的表现

面是服装必不可少的组成部分。即使很少数的服装只由线组成，但也会有相应的面，这些面是较小的区域，如比基尼，或密集的线条的排列以创造良好的视觉效果。现代服装必须覆盖人体的某些部位，这决定了服装中面存在的必然性。大多数服装是由服装材料制成，它们本身以面的形式出现，每一裁片都是面的成分。除了碎片之外，表面还可以以图案的形式出现。以大块面镶色形式出现的服装对面更具表现力，以面为主要表现形式的服装具有强烈的统一感。

四、体

与前几种形态相比，体更为结实、厚重，更为踏实、可信，也更有力度。自然界中最美的有机体就是人体，其自然流畅的曲线和柔和平滑的曲面，极富有弹性且充满活力。

（一）体的概念

体是面的移动轨迹和面的重叠，是具有一定深度和广度的三次元空间。相对块状，封闭的形体有厚重感、重量感与稳定性。力度感强的形体犹如人的肌肉，它是最具空间感、立体感、量感的实体，具有长、宽、高三维实体特征。

（二）体的种类

体从构成上可分为组合体、单体、曲面体、直面体和有机体五类。圆锥、圆柱、长方体、正方体、方锥等几种基本型称为单体；两个以上单体组合在一起被称为组合体；以界直平面表面所构成的形体或以直线、直面为主而构成的形体称为直面体；几何曲面体和自由曲面体共同构成曲面体，曲面体的基本形包括圆锥、圆柱、圆球和椭圆体；物体由于受到自然力的作用和物体内部抵抗力的抗衡而形成的形体称为有机体。

（三）体的表情

几何直面体主要用来表现块的简练、庄重感，具有大方、简练、安稳、庄重、严肃、沉着的特点。正方体、长方体厚实的形态与清晰的棱角，适于表现稳重、朴实、正直，原则分明。锥形物体锐利的尖角显示出与众不同的特征，有力度，具有进攻性与危险性，常用于突破常规的设计表现。

几何曲面体是由几何曲面所构成的回转体，秩序感强，能表达明快、理智、严肃、优雅和端庄的感觉。球体形体饱满且完整，圆形球体象征新生、美满、内力强大、传统，椭圆形球体容易让人联想到未来、科技、宇宙、生命的孕育等多种含义。由自由曲面构成的立体造型，如柱体等，其中大多数造型是呈现对称的。规则的对称形态加上变化丰富的曲线能表达端庄、凝重、优雅活泼的感觉。

有机体是物体受到自然力的作用和物体内部抵抗力的抗衡而形成的，它具有层次丰富、流动性强、柔和、饱满、流畅、平滑、单纯、圆润等特征，表现为朴实自然的形态。

（四）体在服装设计中的表现

对于体而言，服装本身是一个三维的体。这里所指的体的表达意味着服装的造型。就整体造型而言，具有膨胀感和突兀感的服装具有强烈的身体感，如西方的传统婚纱和具有强烈创造力的个性化服装。就局部造型而言，显然衣服外部的服装部件具有较强的身体感觉，如具有填充材料的衣领、立体袋，褶皱或膨胀的泡泡袖等。

体的形式在服装中的表现效果与体的类型有关。它以几何多面体的形式出现。它具有厚实、实用的效果，使服装表现出强烈的建筑感和雕塑感；它在服装中是以曲面体的形式出现的，具有光滑、圆润和饱满的效果，这将使服装具有良好的层次感。

体在衣服中的应用使得衣服从不同角度具有完全不同的视觉体验，这种体验比以面或线条作为主要表现形式的衣服更强。一些以其强烈个性而闻名的设计师往往具有强的体的特征。

第三章　服装设计的美学原理

第一节　形式美的概念和意义

一、形式美的概念

就传统美学思想而言，古希腊哲学家和美学家认为，美是一种形式，往往将形式作为美和艺术的本质。毕达哥拉斯学派、柏拉图和亚里士多德都认为形式是万物的起源，因而也是美的起源。在《艺术与视知觉》中，现代格式塔心理学美学的代表鲁道夫·阿恩海姆将美丽归结为一种"力量结构"，并认为组织良好的视觉形式可以使人们感到快乐，成为一件艺术品。该实体是其视觉外观。马克思的审美思想无疑是现代美学的一个重要方面。他的唯物主义美学观体现在形式与内容的辩证统一中。贝尔的"故意形式"对现代造型艺术产生了深远的影响。在他看来，真正的艺术是创造这种"有意味的形式"，而这种"有意味的形式"，既不同于纯形式，也有别于内在与形式的统一。简而言之，形式是超越时间、艺术作品的外观和情感载体的概念。形式的审美表达可以使人有相应的审美体验和情感体验，形式美的规律和法则是所有造型艺术的指导原则。

服装的设计在于"追求美的使用和功能的形成"。对美的追求是人类的本性，人类出现时就会出现心理需求，没有固定的模型。所谓"仁者见仁，智者见智"，虽然哲学中的美的概念总是试图超越时代而高度概括，但美的具体内容和表达总是随着时代的发展而变化的，因为人们的审美总是在变化着的。除了美的内容和目的外，纯粹研究美的形式的标准被称为美的形式原则，即形式美的原理。

二、形式美的意义

纯粹研究美的形式原则可以简化问题，使矛盾相对突出。形式美的原则具有普遍意义，是对一般意义上的美学的研究。它的应用范围非常广泛。形式美是主观诉诸客观的产物。千千万万的世界充满无限的生命力和兴趣，它始终展现着美。当人们的感官和身心沐浴在五彩缤纷的大自然中时，人们从内心发出感叹，令人心旷神怡、身心愉快的可能只是一朵小花，甚至是一棵小草。当一个人的心理与它产生共鸣时，就会被美的形式所吸引。在我们的世界里，一切事物都蕴含着形式的美。对于主体来说，重要的是拥有一双善于发现美的眼睛和一个善于体验美的心脏。正如罗丹所说："人生并不缺乏美，而是缺乏发现。"然而，捕捉美丽形式的眼睛需要接受训练。

自然是错综复杂的，不容易区分形式之美和抽象形式美的元素。除了与生俱来的直觉之外，还有必要依靠后天的不懈努力。前人留下的艺术和文化遗产广阔而丰富，见证了几代人对形式美学的追求和探索。形式美的原则是社会内容和人的本质力量积累的产物。它可以超越时空、种族和个性，成为艺术造型领域的形式美学规律和指导原则。

在艺术创造活动中，纷繁复杂的感性材料经过创作者的主观捕捉，进而整理、筛选、加工、提取，逐步完善为较理想的形式元素，如点、线、面、白、黑、灰、色彩、造型、意境、构图等，创作主体在其中贯穿着情思与感受，确定出由主观控制的画面形式美的基调。在这个过程中，创作主体对形式美的理解越透彻、越深入，就越能够把握形式美感，就会更加自由地驰骋于艺术王国的天地里。

可见，对于形式美原理的学习和体会是贯穿于整个创作和设计过程中的（图3-1）。

图3-1 服装中的形式美

第二节 形式美的原理及在服装设计中的应用

与其他艺术一样，服装不能通过固定的公式来衡量，因为每个人的感知不同。然而，从古今中外服饰中，我们仍然可以找到被接受的美的概念，并总结出相对独立的形式特征，发现其规律性。这些形式美的共同特征被称为形式美学规律，即对称性、平衡性、变化性、对比性、统一性、比例性、节奏性、韵律性等。形式美体现在服饰的色彩、风格、质地和装饰上，并通过具体细节（点、线、面）、结构、模型等表现出来。形式美原理的具体应用必须注意整体的完美表现。服装的整体和谐美，必须注重和谐与对比、比例与规模、统一与变化、对称与平衡、节奏与韵律、重复与交替。除了主题和内容，服装设计还必须有一个完美的艺术形式，以更好地表现内容的美感。适当使用形式美法则进行设计，巧妙地结合服装的特定功能和结构，一定可以引入新款式的服装。

一、服装形式美的最高形式——有机和谐

服装是否完美，取决于是否和谐、有机，而和谐、有机的本质包括多样性的统一、统一的多样性、比例与尺度、重点强调、视错五个方面。

（一）多样性的统一

和谐与有机性包括多样性和统一性两个方面，这是两个对立面。在完整的服装组合中，它们总是共存的。多样性是绝对的，统一性是相对的，多样性是不一致的，从小差异到完全不同。例如，圆是最简单和最均匀的几何，但圆上每个点的位置和方向是不同的且在移动着。

当我们设计服装时，必须在多样性的元素中找到统一，这样使单调变得丰富，复杂变为一致。蕾丝装饰的使用使得上衣的款式均匀，但蕾丝装饰的位置也不同（图 3-2）。

图 3-2　多样性的统一

（二）统一的多样性

统一并非是一个面貌，其具备多样性的本质。统一的多样性可以分解为最典型的两极：调和与对比、均衡与对称、节奏与韵律等形式规律。

1. 调和与对比

通过相似、相同和相近因素的有规律的组合，把差异面的对比度降低最低限度，这称为调和，并且所构成的整体具有明显的一致性。例如，在色彩方面，相同的颜色、相邻的颜色；面料方面，相同的质地、类似的面料，可以达到非常和谐的效果。

通过将相悖、相异的因素进行组合，各因素之间对立的上限被称为对比。对比是所有艺术作品的生命力。服装也是如此，如款式的长和短、宽和窄的组合；颜色中的对比色、互补色的组合；具有相反纹理和不同物理特性的织物组合等。在图 3－3 中的这件服装，长外套和短裙形成一个长度对比，短裙与小上衣形成鲜明对比，它们都是由羊毛制成，这是一个调和与对比的例子。

图 3－3　调和与对比

2. 均衡与对称

在视觉艺术中，平衡中心两侧的分量是差不多的，它们也是可以相等或相似的，因此均衡可以分为两类：规则平衡和不规则平衡。

规则平衡，即轴心两侧的形为等形、等量，通常称为对称性。中山装是典型的左右对称形状。对称设计被大量使用，这可能与人体本身基本对称的事实有关。对于对称设计，人类的视觉总是以重复扫描后的稳定性为中心。为此，艺术家提出了"突出中心"的原则。

不规则均衡即平衡的，即轴的两侧是非等形、非等量，但视觉感知的平衡，像是天平两边等重以后的情形（图3－4）。

图3－4　均匀与对称

3. 节奏与韵律

节奏与韵律在原理上与诗歌、音乐有许多相通之处。

节奏也就是一定单位的形有规律地重复出现。从形式规律的角度来描述，可以分为两类：重复节奏和渐变节奏。

（1）重复节奏。它由相同形状的形等距排列形成。这是最基本、最简单的节奏。这是一个统一的简单的重复，具有短周期性。例如，具有褶皱的裙子，每个褶皱间距相同，形成最简单的重复节奏。

（2）渐变节奏。每个重复的单元包含逐渐变化的因子并且周期性更长。例如，形状逐渐扩大或缩小，位置逐渐升高或降低，颜色逐渐变暗或变亮等，就像逐渐减弱的音乐，产生柔和的、模糊的节奏和有序的变化。虽然这种变化是渐进的，但强弱之间的差异仍然是非常明显的。这是一种平稳而有规律的锻炼方式。如果将重复节奏比喻为跳跃，则可以将渐变节奏描述为滑翔（图 3-5）。

图 3-5　节奏感示意图

韵律是既存在内在秩序，又包含多样性变化的复合体，是重复节奏和渐变节奏的自由交替，其规律性一般隐藏在内部，表面上看则是一种自由的表现。它是一种比较难把握的形式美。在构成中，引诱目光的形有助于韵律的产生，曲线也有助于韵律的产生，运动轨迹如流线型轨迹、抛物线等也有助于韵律的产生，具备成长感的事物也具备一定的韵律。例如，植物的藤蔓每天都以向上伸展的弯曲姿态出现，给人一种美妙的旋律感（图 3 - 6）。

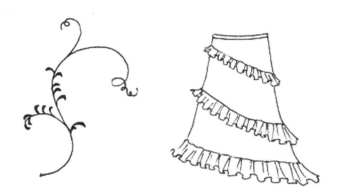

图 3 - 6　韵律感示意图

（三）比例与尺度

比例与尺度都同数字相关，但是都能转化为可量化的美。人体各部位的尺寸符合一定的比例，一般欧洲人为 8 头高、中国人为 7～7.5 头高、日本人为 6.5～7 头高。服装是人体的包裹物，因此，也必须符合一定的比例。那么什么样的比例才能符合和谐美的标准呢？这就是"黄金分割"比例。

1. 黄金分割比例

古希腊人很早就发现了黄金分割比例法，并认为这是最美的比例。黄金分割比是以数学方法获得的适当的比例，也就是将一个线段分为 a（长段）和 b（短段）时：$\dfrac{(a+b)}{a} = \dfrac{a}{b} = 1.618$。人们充分认识到黄金分割比在造型艺术中的美学价值，并使其在雕塑、建筑、印刷、摄影等设计中得到了广泛应用，同时还找出了人类发现黄金比例的一个十分神秘的原因，那就是人体本身的模数系统就基本符合黄金分割比例。

2. 模数系统

在 20 世纪 40 年代，法国建筑师勒·柯布西耶提出了一个基于人体基本比例的系统，该系统源于黄金比例：假设人的身高是 175 厘米，抬起手臂后的总高度是 216 厘米，肚脐高度恰好是 108 厘米，肚脐和肚脐到地面的地面恰好是黄金比例，肚脐到头顶，头顶到手指顶部也接近黄金比例，这个系统被称为模数系统。可以说勒·柯布西耶提出的模块化系统是前人在设计领域中应用尺度和比例的一种经验总结。

3. 服装的比例

服装是按一定比例制成的，如衣领的大小，口袋和纽扣的大小，以及配件的尺寸按一定比例制成。可以说不存在非比例设计，因为这会使服装失去协调性和艺术美感。服装的比例可分为两种：分割比和分配比（图 3 - 7、图 3 - 8）。

图 3 - 7　服装的分割比例

图 3 - 8　服装的分配比例

所谓的分割比是一件衣服和每个衣片之间的大小关系。它被分为个体以形成一个完美的整体。因此，应优先考虑整体特征的统一性，然后组织可以改变的个体。不同的体型可以确定分界线的位置和形状。服装分布的比例是在服装具有整体形式之后，依次将个体分配到上面，如在分界线上布置纽扣，在衬衫口袋处布置饰帕，衣襟上布置胸针等，而这种安排也应该符合一定的比例。

（四）重点强调

服装的重点是最具吸引力的视觉中心，也是服装的亮点。有了强调重点，服装就像音乐一般有了高潮。

强调的视觉中心位置和形状是根据服装的整体概念进行艺术性排列的。图 3 - 9 是男士服装的设计，黑色毛衣上的彩色条纹非常抢眼，这是设计师的重点。当然，有些服装款式并没有强调自己的重点，但它们在配饰、珠宝和其他配饰的视觉中心表达。

图 3 - 9 重点强调

由此可以得知，以上所述的调和与对比、对称与平衡、节奏与韵律、比例与尺度、重点强调等形式美的规律，可以归纳成量的秩序、质的秩序、时间的秩序三大类。

（五）视错

视错，也称视错觉，是指在客观因素干扰下或者在心理因素支配下，人的视觉会产生与客观事实不相符的错误现象。人眼具有特定的趋向，同一种物体处于不同的位置或环境背景时，容易产生视错。视错觉发生的现象，并非客观存在，它是因为人的大脑皮层对外界刺激物的分析发生困难造成的。视错的产生受物理、生理、心理等因素的影响。

视错作为一种普遍的视觉现象对造型设计有着一定的影响，在设计创作中，研究视错的原理及其规律性，合理地运用视错，可以使得设计方案更为完美和富有创意。

— 69 —

1. 尺度视错

尺度视错又称大小视错，是指视觉对事物的尺度判断与事物的实际尺度不相符时产生的错误判断。

（1）长度视错。长度视错指长度相等的线段由于位置、交叉等环境差异或诱导因素不同，使观察者产生视觉上的错觉，感觉它们并不相等（图3-10）。

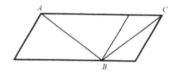 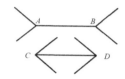

(a) AB与BC等长，但是看起来AB比BC显长　　　(b) AB与CD等长，但是看起来AB比CD显长

图 3 - 10　长度视错

（2）角度视错。角度视错指物体的固有形态在其周边角度物体背景的影响下出现的不同视错觉现象（图3-11）。

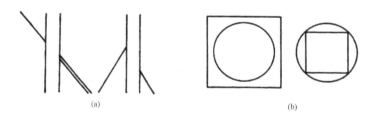

(a)　　　　　　　　　　　　　　　(b)

图 3 - 11　角度视错

2. 分割视错

分割视错是指给某个造型设计了内部分割线之后，原来的造型

轮廓仍不变，但产生了一种与原来的造型在视觉效果上发生明显变化的一种视错现象。这种视错也被称为分割设计视错，其常见类别有：垂线分割视错、横线分割视错、斜线分割视错。

3. 形状视错

形状视错指人的视觉对形状的认知与形状的实际情况不相符时就会产生形状视错。

（1）扭曲视错。由于相关因素或环境的干扰影响，会导致形的视觉映像发生变化，从而使形状发生不同的扭曲现象，这样形成的视错觉称为扭曲视错。

（2）无理视错。无理视错指由于本身或背景环境的诱导干扰，导致环境的变化或产生某种动感。

4. 色彩视错

我们在看一物色彩的时候，往往同时看到周围其他各种颜色，而其他颜色还会对该物的颜色造成影响。这种同时看到两种以上的色彩，这些颜色在人眼中所发生的视觉反应，就是所谓的色彩视错现象。

（1）对比色彩视错。盯着某物仔细地看一定时间，然后把视线移开，这时视觉记忆中的影像不会突然消失，而是要残留一段时间，这就是残像现象。看过对比强烈的黑色或白色后，也会发生残像现象，看过黑色会形成白色残像，看过白色会形成黑色残像。这种残像现象也同样会在彩色中发生，而且残像一定是补色，称为"补色残像"。

由于残像等原因，使色彩看起来比实际情况发生一些变化的现象称为色的对比视错现象。

（2）同化色彩视错。与对比现象相反，放置在背景色上的颜色有时也会被底色同化，这种现象称之为同化现象。

（3）色彩膨胀与收缩、前进与后退。相同大小的颜色面积有时看起来却比实际面积显大或显小，放在相同位置上的几种颜色，看起来却发生远近变化，这也是一种视错现象。

二、形式美的终极目标——新颖

无论是科学创造、艺术创造，还是技术创造，其共同特点是具有新颖性，服装设计也是这样的。而且由于消费者具有喜新厌旧的心理，因此，服装的流行性极强，消费者对新颖的服装也有着更加迫切的追求。因此服装企业和设计师应将新颖作为追求服装美的终极目标。

新颖的服装首先建立在科学的合理性之上，要考虑穿脱的合理性、生产的可行性、人体的舒适性等科学因素；同时它还不能保守，不能是对前人或他人设计的复制，要具有与众不同的艺术魅力。可以说，服装设计的灵魂就是新颖。

服装的新颖性不仅体现在款式设计的非常规性上，还体现在面料的二次艺术加工、服装的结构设计和缝制工艺的创新上。

如果正确应用时装设计的形式美法则，最终产品将具有以下三个特征：

（1）完整性：整体感强。

（2）层次性：富有层次感。

（3）重点性：强调并突出重点。

第三节　服装设计的美学规律

设计美学是一门研究艺术设计在社会、自然、文化等领域的美学规律和创作过程的哲学，探索艺术创作美的本质，并将创作过程中的关系联系起来。

从社会的角度来看，设计美学是生活、生产用品和社会环境美化的审美表达。它是创作者或设计师使用各种科学技术、艺术方法和技术表达的过程，创造的形式具有满足人们生活的实用性、易用性和视觉美学的特点。同时，它的形式可以有效地为用户带来心理上和精神上的愉悦（图3-12、图3-13）。

图3-12 德国红点奖作品——办公用品

图3-13 德国红点奖获奖作品——家居组合

从文化的角度来看，设计美学是一种审美哲学，贯穿于一系列过程中，包括设计、灵感、计划、制作、生产和使用。它是美学、哲学、艺术、工程、社会学、心理学等的集合在一起的美学表达。它不仅表达了人们物质生活和精神生活的协调需求，也反映了社会生活方式和思想，是时代、科技、思想、艺术和美学观念的综合体现。

一、设计美学

（一）设计美学的核心内容

从设计的过程分析设计美学，其核心内容包括以下三个方面：

1. 设计形成

也就是说，设计师的思想、灵感、计划、概念和认知的形成过程，是设计的闪光点，是探索灵感的源泉。

2. 设计表达

也就是说，将计划、构思、想法和解决问题的方法在视觉上传达出来，这是设计产品的视觉元素的组合，包括样式、颜色和材料。

3. 设计效果

也就是说，视觉传达后设计方案的实践、具体应用和社会反思是视觉元素搭配的文化内涵，包括时尚、科学和适用性。

（二）设计美学的特征

1. 综合性

形态表征、文化内涵和延伸构成了设计美学。形态表征是指设

计对象的视觉形式的艺术美，主要表现为视觉形式的设计形式之
美。例如，形态美、配色美、材质美、细节装饰美、配合和谐美
等，是一种可见的视觉元素。文化内涵包括设计对象视觉形式的艺
术风格与设计艺术哲学交织在一起的时尚艺术内涵。例如，复古之
美的设计美、流行艺术风格、构图和衍生哲学内涵等，都是精神世
界的感性内涵。延伸是对美学设计源的扩展探索，它是设计技术美
感和设计师个性以及个性魅力和品位风格的体现。

20世纪西班牙最杰出的建筑家安东尼奥·高迪（Antonio
Gaudi）是"新艺术"运动的践行者。其建筑突出表现曲线和有机
形态，体现着设计美学的综合性，这种综合性在其设计建造的巴特
罗公寓中体现得淋漓尽致（图3－14）。

图3－14　设计美学的综合性——巴特罗公寓

2. 特定性

设计美学旨在研究当代人的生活方式和精神需求，以特定的社
会物质和生活环境为背景，以不同民族和不同民间文化群体的审美
差异为研究对象，是社会环境和人的生理和精神需求与理解和创造

过程有机地联系在一起的过程，设计之美蕴含于创作过程。现代设计的认知过程基于改善现代社会和现代生活的计划。决定因素包括现代社会标准、现代经济和市场、现代人的需求（身体和心理方面）、现代技术条件、现代生产条件等。

3. 情感性

人们的意识形态在设计中表现为情感，是设计美学中的情感因素。具体来说，它是设计师个性修养和综合素质的体现，可以体现设计的美感。产品美是一种艺术哲学，表达了设计师或消费者的气质、文化内涵和艺术修养。消费者感知水平也影响设计市场的消费趋势。因此，设计师的品质、修养和品位是美的情感和艺术设计的有效保证。

意大利设计师马西姆·约萨·吉尼（Massimo Losa Ghini）设计的"妈妈"（Mama）扶手椅，造型简洁又不失厚重柔软，使人感觉温暖、舒适，进而获得一种安全感（图 3 – 15）。

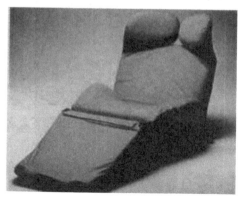

图 3 – 15　设计美学的情感性——"妈妈"（Mama）扶手椅

4. 科技性

科技的发展为我们带来了各种舒适、新颖、美观、特殊的质感结构，绿色环保的服装辅料，满足了人们不断寻求新鲜和舒适的基本生理要求。艺术与美学的融合可以带来更高级的视觉和心理需求。科学技术为现代生活和工作带来了快速、舒适和便利。艺术哲学给人们带来的氛围和精神享受。两者的统一满足了新时代人们的物质文化需求。

荷兰设计师阿努克·维普雷彻特致力于探索时尚与科技的完美结合。他设计的蜘蛛服的机械部分在着装者身体上抖动着，当不怀好意的人接近时机械蜘蛛爪会伸展出来（图3-16）。

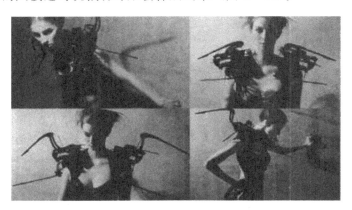

图3-16　设计美学的科技性——阿努克·维普雷彻特的蜘蛛服

二、设计的审美规律

不同种类的设计有不同的表现形式，但设计的美学仍然是有规律的。这些规律是在长期观察、排序和总结之后获得的。理解和掌握这些规律有利于提高审美判断力和设计创造力的提升。

（一）单纯整齐

"单纯"意味着纯粹的、没有明显的差异和对比。"整齐"意味着整合、统一，无变化或有序和有节奏的变化。秩序感是美学的重要原则。例如，阅兵式上整齐的仪仗队、相同的身高、统一的制服和相同的动作表现出整洁和宏伟的美感。与建筑一样，按规律排列的窗户和玻璃墙给人一种整洁美丽的感觉。在日常生活中，人们也喜欢简约之美。例如，要统一起居室的颜色，书柜中的书籍应该有序排列，宜家的各种存储设计深受人们的欢迎，因为它是由设计师设计的，以满足人们的需求，使他们的生活和工作环境整洁有序。在一个注重整体意识并强调秩序和规则的团队中，统一的服装是一种很好的方式，让在其中的人意识到他们在团队中，并且让他们有集体感，有向上、积极、力量等美学感受（图3－17）。

图3－17　设计美学规律之单纯整齐——空乘制服

（二）对称均衡

对称均衡是指通过均衡两侧的量而获得的平衡状态。在造型艺术中，平衡指形状的基本因素形成了相反和统一的空间关系。整体中不同部分或元素的组合给人一种稳定性的感觉。该定律广泛应用于各个领域，是设计稳定性的原则。"如果只有形式一致，同一性的重复，那还不能组成平衡对称。要有平衡对称就须有大小、地位、形状、音调之类定性方面的差异，这些差异还要以一致的方式组合起来。只有把这种彼此不一致的定性结合为一致的形式，才能产生对称平衡。"对称均衡之美要求事物在差异和对立中表现出一致性和平衡性，并依赖于视觉和心理感受。只有当涉及设计的个体在感觉上达到平衡时才能达到设计的统一效果。它是造型、颜色匹配、比例、面积和比例的重要原则（图3-18）。

图3-18 设计美学规律之对称均衡

（三）韵律节奏

节奏是指相同的运动、节拍、时间等，它是表达运动的原则，是事物运动规律的有序变化。在本领域的设计中，线的流动、色块的形状、光的光和阴影以及光的重复重叠可以反映节奏的变化。通过使用线条的规律变化，成形块的交替重叠可以引起和控制人类视觉方向和视觉感受有规律的变化，从而引起心理变化和情绪变化。

作为一种造型艺术，服装在空间中占有位置。当人们欣赏一件衣服时，视线会随着构成这套服装的点、线、面、形、色的过渡、排列方向进行时间性的移动，这就会产生旋律感。例如，衣服的纽扣、口袋，衣领的组成，裙子的褶皱、裙摆等，都具有这种节奏的效果（图 3 - 19）。

图 3 - 19　设计美学规律之韵律节奏

（四）比例匀称

比例是指两个值之间的对应关系，即整体和部分、物体的部分和部分、质量比和身体比例之间的比较。尺寸和尺寸之间的关系处于统一美的状态，即美的比例。形状之美必须具有完美的比例，比例要求将产生对称效果。中国现代画家徐悲鸿提出改良中国画的"新七法"，其中重要的一条就是比例："比例正确，毋令头大身小，臂长足短。"古希腊的毕达哥拉斯学派提出著名的"黄金分割律"，被许多学者和研究者认为是形成美的最佳比例关系。可见比例匀称是视觉艺术审美的一条重要法则。在服装中的比例是指身长与服装之间、分割线位置的确定、领子与服装整体之间、扣子与个体及整体之间等局部与局部以及局部与整体之间的比例关系，是创造造型美的重要手段（图 3-20）。

图 3 - 20　设计美学规律之比例匀称

（五）调和对比

调和与对比是指事物的两种不同对比关系，反映两种不同的矛盾状态。调和是异中求"同"（统一），对比是同中求"异"（对立）。调和是把两种或者多种相接近的东西并列在一起。"桃花一簇开无主，可爱深红爱浅红"，表述的就是在同为桃花的红色中，深红与浅红的变化给人以欣喜的感觉，这种色彩深浅浓淡的层次变化，也能表现出调和的效果。对比是把两种极不相同甚至相反的东西并列在一起，使它们之间的差别凸显出来，产生鲜明、强烈的对比效果。例如，光线明暗、色彩浓淡、空间虚实、体积大小、线条曲直、线条疏密、形态动静、节奏疾缓等，通过对比可以突出印象、强化效果。调和与对比的目的都是为了突出形象、增强审美效果（图 3 - 21）。

图 3-21 设计美学规律之调和对比

（六）主从协调

主从协调意味着构成审美对象的每个美学要素应该具有主从关系。协调和统一具有相似的含义，范围上存在一定的差异。协调更多地是指局部与个体之间的协调关系，整体与局部之间的协调关系，以及稳定与变化之间的协调关系，这是一种相对狭隘的相互关系。协调是一个统一的准备阶段，个人之间的协调是整体统一的先决条件。在各种设计元素的布局和组合中，中心应突出、明确，给人以生动、深刻的印象。同时，它必须照顾主从呼应、相互协调，并使其成为一个有机整体。在服装设计中，构成服装的各种元素之间的协调不仅包括形状和形状的协调，还包括材料、风格、颜色、质地和纹理的组合；此外，颜色和形状、颜色和材料、人和衣服也必须相互和谐（图 3-22）。

图 3 - 22　设计美学规律之主从协调

（七）多样统一

多样统一即"寓变化于统一"，是审美的最高法则，任何形式的美学都必须最终符合这一原则。各种设计元素的排列和组合必须以各种方式表现出其内在的和谐与统一。在设计理念上，为了达到整体完美，我们必须慎重挑选各种因素。在选择过程中，这些个体相互制约，成为不可分割的统一体。所以，要求这些个体之间的联系、过渡给人以秩序井然的统一美感。统一是宇宙的基本规律，它是对比、比例、节奏和协调的形式规律的集中概括。它是形式美的基本原则，包括集中和支配两种重要的形式。符合多样性和统一性的原则就是富有美感的作品，它给人一种愉悦、满足、正直和安心的感觉。它需要艺术形式的多样性和多变性的内在和谐感，反映出人们不想单调和僵化，不要杂乱无章的复杂心理（图 3 - 23）。

图 3 - 23　设计美学规律之多样统一

第四章 服装设计的创意思维

所谓的创意思维是一种新颖的原创意识，是创造性思维的结果。创造性的思维方式是设计思维的灵魂。它是原创、主动、自由、分歧、艺术和非模仿。创意思维与时装设计之间存在必要的联系。丢失创意思维的服装只能称为服装，它谈不上服装设计。创造性思维是设计的灵魂。许多人认为这是偶然因素产生的独特作品的结果，它是鼓舞人心的，无法捕捉和不规则的。但是，通过对大量创作行为的分析，它在一定范围内具有规律性。此外，大量实践证明，通过培训，可以提高创造性思维能力，接受过创造性培训的人的创造能力比未受过教育的人高3～9倍。然而，创造性思维的培训是一个复杂而长期的过程，培训不仅要有序合理地进行，而且要按照先到先得，多维度的顺序进行，方法应该多样化，操作过程应该灵活，应该根据情况合理化。采用科学的培训方法，全面提高设计师的创造性思维能力。

第一节 联想类比法

一、联想类比法的基本原理

（一）联想类比法的概念

联想类比法是指通过一系列积极、主动和自由的想象力，通过与设计无关的其他事物发起的思维活动，灵感回归设计主题以产生好的想法。联想是创造性思维的基础，它起着催化剂的作用，并融入创意设计过程中。许多精彩的新想法经常被联想的火花点燃。人们通常习惯于根据现有经验在特定环境、某个空间和范围内推理工作。但是，这种方法通常有一定的局限性，会妨碍设计师的思考。因此，一旦人们有意识地移动他们的视线、交换视角，扩大他们的范围，突破传统的时空概念，并从自己不熟悉的角度分析事物，很容易引发新奇的设计灵感或设计思想。但是，联想本身并不富有创意。这是一种从一种表现形式转变为另一种表现形式的思想。在此期间，它不会改变想象的东西。因此，在设计思想时，设计师需要通过类比，使用想象力，存储大脑中存储的各种信息以及收集和积累来关联两个或多个看似无关的事物和知识，比较了它们之间的一些相似之处，从而获得了一些灵感。

（二）联想类比法的分类

联想类比法，简称"联想法"，可分为自由联想和强制联想。

1. 自由联想

自由联想是不受约束和随意的联想，如在白天想到白云，看见白云想到蓝天，看见蓝天想到飞机。

2. 强制联想

强制联想有意识地限制了联想的主题和方向。在开始设计概念时，设计师通常选择灵感的来源，如看到某个场景或图片，会导致一系列的联想和类比，最后用服装的语言表达。在设计过程中，并非所有条件都允许进行现场调查，因此可以通过查看一些鼓舞人心的图片来帮助自己创建关联。通过观看图片产生的这种关联称为图片关联，图片关联是最有效和最可行的方法之一。图片的想法是使用与正在解决的问题相关或不相关的图片，在图片和需要解决的问题之间建立关联，进行类比，并获得创意。通过这种强制性的联想，可以激发人们的创造性思维。

二、经典案例分析

（一）从"埃及艳后"到高级时装

古埃及作为一个神秘的文明古国，其独特的民族元素一直吸引着人们不断探索。

无论是法老王、金字塔、埃及艳后、木乃伊等极具代表的符号元素，还是服装款式中的卡拉西斯、丘尼克、多莱帕里等，至今都不断地出现在时装舞台上。而最为人们瞩目、给人们留下深刻印象的设计就是国际品牌克里斯汀·迪奥（Christian Dior）2004 年在巴黎发布的春夏高级女装（图 4 - 1）。该场设计作品的灵感来源是埃及的古老元素，设计师约翰·加利亚诺（John Galliano）是从古埃及丰富多彩的文化遗产和迪奥开创的经典的"H"廓型剪裁中摄取的灵感。

图 4-1　克里斯汀·迪奥 2004 年春夏高级女装

他将闻名世界的古埃及之美进行了现代化的演绎，从而酝酿出一个崭新的剪裁系列——斯芬克斯系列（Sphinxes Line）。该系列中不论是服装还是色彩、配饰、妆容等都被淋漓尽致地展现了出来，体现着古埃及庄严华丽的风格。在舞台灯光映衬下，模特身着一袭璀璨耀眼的金箔连身裙，袖口像两朵巨型花朵一样向外绽放，服饰既保有存在感，又符合"窄、紧、瘦"的标准。整个系列在材质运用上颇为考究，银箔、金箔、天青石、珊瑚钉珠等纯天然材质令服饰具有强烈的历史厚重感；除了还原狮身人面像、埃及艳后克莉奥帕特拉（Cleopatra）的原始形象外，木乃伊、岩壁绘画、动植物崇拜等古埃及宗教文化也得到了充分的展示。模特身穿形似木乃伊绷带的黑色丝绸薄纱裙，上面点缀的彩虹金属片熠熠生辉。约翰·加利亚诺不仅借鉴古埃及女性的服装款式，还参考其奢侈、华丽的装饰手法，将尼罗河两岸的文化精粹和时尚秀场上旖旎的风采交相辉映，让人仿佛回到了那个久远的年代。

（二）时装上的"海底世界"

在 2010 年伦敦春夏时装秀上，著名设计师亚历山大·麦昆（Alexander McQueen）上演了一场似乎在海底世界的视觉盛宴（图 4-2），用时尚的语言诠释自然主题。亚历山大·麦昆令人难以置信的创造力得到了生动的体现，精心制作的海洋爬行动物印花和紧身腰身，钟形花裙的轮廓逐渐从原来的绿色和棕色变为浅绿色和蓝色，就像看到蓝绿色的海洋从玻璃底部开始，在带衬垫的臀裙的轮廓上。每件作品都是计算机艺术和设计师标志性高级时装的作品。亚历山大·麦昆的设计逻辑是：为未来生态毁坏的世界末日试镜，人类从海洋生物演化而来，未来由于冰盖的融化，我们可能会回到水中去，麦昆将女性与海洋哺乳动物融为一体，出现了似鲨鱼般的裤子。虽然麦昆没有脱离他现有的设计风格，但其采用计算机技术和这场移动的影像戏剧，让他在当时再次走在了时尚的前端。

图 4 - 2　亚历山大·麦昆 2010 年春夏设计作品

第二节　移植借鉴法

一、移植借鉴法的原理

通过对国内外许多成功案例的研究，我们发现了这样一种现象：许多项目具有相似的原理和不同的功能；类似的结构，不同的材料；类似的方法，不同的应用类别；相似的形状，不同的用途等。因此也参悟出了一种创造性思维方法—— 移植借鉴方法。

什么是移植？在农业中，将植物幼苗移植到这里，称为移植；在医学上，将身体或器官的一部分移植到自己或他人的特定部位，也称为移植。移植发明是指通过在一个领域中将原理、方法、结构、材料、用途等移植到另一个领域来发明新产品的方法。一位发明家曾经说过："移植发明是创新研究中最有效、最简单的方法，也是最常用的方法之一。重要的创新有时来自移植。"因此，我们可以依靠事物、与事物有关的多样性原则，通过对其他学科和姊妹艺术的分析和比较，从多个角度获得新的想法。

当设计师受到某种场景、音乐、诗歌、艺术潮流、流派作品和重大事件的启发，并以独特的服装形象表达时，设计的服装创造了意境和视觉，并且自己的感知是一致的。时装设计中经常使用的姊妹学科，包括建筑、构图、手工艺品等。在这些领域，无论是造型、材料、纹理还是技术，都可能成为移植的对象。当然，我们需要提取其中的共性元素并适当地表达出来。

二、经典案例分析

（一）以建筑为借鉴对象

建筑和服装都属于某个时代人类的创造。从本质上讲，建筑形式和服装设计是人体的空间建筑艺术。建筑和服装是容器，人是载体。因此，必须体现以人为本的设计原则。一幢建筑物、一套服装，无论其形状如何，都是三维空间中基本几何形状的组合，具有强烈的立体感。根据身体生理学的固有特征，服装的形状需要相对较小的空间结构变化，而建筑形式又大又复杂。无论是建筑还是服装，都涉及比例、规模、现实和节奏等关系的处理。著名的建筑教育家梁思成说："建筑和服装有很多相似之处。服装只不过是使用一些纺织品（有时带有一些毛皮），身体是覆盖身体的。不仅仅是一些砖块。用木头石头建造一个遮蔽的空间，像衣服一样，也适应气候和地区特色。"

事实上，服装设计作为"软雕塑"具有与建筑相同的效果。这种具有鲜明"锐利三角"的哥特式建筑风格，其鲜明的个性影响了当时的审美和时尚设计。一个女人高大的圆锥形帽子就像高耸的教堂顶部，耸立在高处，但背后有柔软的长飘带，使服装更加优雅。男士们也喜欢戴上尖头形状的头巾，并穿上尖头鞋等，所有的服装特征都呈现出锐角三角形的形状。今天的时装业有很多种类和风格，"建筑风格"就是其中之一。这种服装强调简洁的风格，注重服装的结构，抽象人体，从而赋予其独立的立体结构。服装的设计理念类似于建筑师的理念，工作的表达也具有类似于建筑物的外观特征。通过对"建筑"服装的造型和应用元素的分析，可以看出服装的风格以抽象和大胆的几何形式表达，因此已成为建筑时尚的主要特征之一。20世纪60年代的皮尔·卡丹（Pierre Cardin）与吉恩瑞奇推出的"太空风貌"（Cosmonaut Look）等即是对此最好的诠释（图4-3）。

图4-3　皮尔·卡丹设计的未来主义时装

这一系列时装原本是人类征服宇宙的愿望和时尚领域的未来主义艺术，但几何风格、仿金属色纹理和钢盔头型具有强烈的"建筑风格"特征。西班牙设计师帕科·拉巴纳（Paco Rabanne）以其怪诞的设计风格而闻名，被称为"时尚极客"，因为他研究过建筑学，所以他可以完美地表达服装的"建筑"风格。他使用他擅长的"街区结构"创造的"长城衣领"，以及使用夸张技术创造的"城堡外套",是这方面的成功代表。另外,从结构上看,2008 年北京奥运会体育场"鸟巢"和法国著名设计师帕康夫人设计的鸟类服饰也有同样的效果。两者都是由线成面、由面成体,在表现形式上是一致的(图 4 - 4)。

图 4 - 4　帕康夫人鸟笼服

此外,设计师经常使用现代建筑的框架结构或线条、面和其他形式的组合来指代服装的设计。这些组合通常会产生惊人的美感。吉安弗兰可·发莱(Gianfranco Ferre)是一位设计大师,擅长塑造具有线条和建筑感的街区的立体感。通过这些技术,时尚与时尚的碰撞可以表达时尚的常规方面和艺术方面(图 4 - 5)。

图 4 - 5　吉安弗兰可·发莱设计作品

（二）以折纸艺术为借鉴对象

折纸作为一种古老的民间工艺近年来在时装设计中频繁出现，大量的折叠表现手法给时尚带来了新的感觉。旧元素以新的方式回归，通过折叠和修剪织物强调新的视觉效果。折纸艺术是通过大量工艺手工制作的纸花和纸艺术品，其最大的特点是它的体积感和雕塑感。折纸代表的艺术形式是我们追求的，两者在某些方面具有高度的统一性。

近年来，法国著名品牌推出的作品中，折纸艺术在时装设计中的运用并不少见。例如，在 2007 年，迪奥高级定制（Dior Haute Couture）在设计作品中使用了大量的折纸技术。各种折叠技术被置于时尚 T 台上，折纸技术和服装通过面料的颜色和形状完美地结合在一起，使人们在视觉上极为愉悦，令人印象深刻的是百合花的绽放形状。设计师通过加工面料的颜色和形状，最终实现了百合形状与服装的完美结合（图 4 - 6）。然而，在扁平的折纸工艺中，百合的形状很容易实现。因此，一旦这些折纸的美丽形状融入到服装中，它就会绽放出新的光彩。

图 4 - 6　时装中的百合花折纸造型

第三节　信息交合法

一、信息交合法的基本原理

信息并非停滞不前。经过人工努力，可以将许多不同类型的信息相互组合，从而可以创建新信息并增加其价值。例如，"钢笔"和"望远镜"相互会合，产生钢笔式单管"望远镜"；"生物学"和"分子"相遇产生"分子生物学"；"文化"与"旅游"相遇，产生"旅游文化"。据此，徐国泰的"魔球"（信息通信法）理论认为，人类思维活动的本质是大脑对信息及其联系、运行过程和结果表达的输入反应。信息在组合过程中被重新识别和链接。通过有意识地将信息元素组合到信息系统中以便它们可以组合在"信息反应领域"中，将引入一系列新的信息组合（信息组合的物化是产品），以及技术发明和技术创新等。

二、信息交合法的实施程序

信息交合法的实施程序分为以下四步（图 4 - 7）：

（1）定中心：确定坐标原点的东西。如想改造笔，就以笔为中心。

（2）画标线：即用矢量标串起信息序列，根据"中心"的需要画几条坐标线。例如，改造"笔"，则在"笔"的中心点画出时间（过去、现在、未来）、空间（结构、种类、功能等）的坐标线若干条。

（3）注标点：在信息标上注明有关信息点。例如，在"种类"

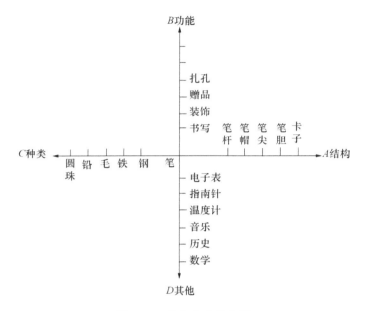

图 4 - 7　信息交合法步骤

标线上注明钢、毛、圆珠、铅等，意即钢笔、毛笔、圆珠笔、铅笔等。

（4）相交合：以一标线上的信息与另一标线上的信息相交，产生新信息。仍以笔为例说明，以"钢笔"与"音乐"交合，可产生"钢笔式定音器"；"钢笔"与"电子表"交合可产生"钢笔式电子表"；与"历史"交合可产生有历史图表或十二生肖的钢笔；如果将笔帽与笔尾延伸，即可创新制造出一种带药盒、温度计、针灸用针的"保健笔"。在此基础上仍可继续进行交合，还可产生无数新信息和新联系。事实证明，这的确是一个切实可行的创造技法。

三、信息交合法的交合原则

（一）本体交合原则

本体交合是自身分裂，原信息标系和中因子依次"相乘"又可以给人以改革设想。例如，如果唐瓷杯的内壁裸露有薄银，则可以知道液体（葡萄酒等）是否有毒；如果铜内壁与酸性果汁接触，会发生化学反应等，这可能提供成千上万的想法。这种身体相互作用必须注意整个系统必须具有 X、Y、Z 的事实，并且它是必不可少的，并且 X、Y 和 Z 不适合于必要的概念。

（二）功能拓展原则

人们的思想往往受到习惯的约束。打破习惯，任何产品的功能都可以扩大。例如，饮用杯可以在内壁上刻有刻度；用面粉做冰激凌外壳，可以一起食用，拓展范围很广。

（三）杂交原则

杂交的原则是将本体标记为"母体标"，引入与"父本"不相似的知识，并根据本体交合法实施操作。再如图 4-7 所示，引进指南针标，与笔交合，可产生旅游笔；引进温度计标，与之相交合，可产生钢笔式温度计；引进数学，与之相交合，可产生"九九歌"钢笔等。

（四）立体动态原则

空间方位轴和时间轴被引入反应场。例如，盖子的杯盖嵌在盖子上，并且盖子上的方向被绘制，这样的旅行杯可以改变方向、经度和时间；根据杯盖，可以引入数学标准，可以制作功能杯和原木

杯；引入人生坐标，可以生产一个生日杯；将磁能引入可磁化水
杯，延长寿命和预防疾病。此外，许多实践证明，"远距离杂交"
越多、越困难，越令人惊讶。

四、经典案例分析

　　一款简单廓型的直筒裙，你会怎样设计？如果造型简洁，那么
在面料色彩上应如何搭配？也许伊夫·圣·洛朗（Yves Saint
Laurent）的蒙德里安裙能够很好地回答这些问题。荷兰风格派画
家皮特·蒙德里安（Piet Mondrian）的作品《红黄蓝构图》，使用
不同大小的红色、黄色和蓝色区域可产生强烈的色彩对比度和稳定
的平衡感。他使用黄金分割和几何系列以一定比例分割和排列图像
或图形，以创造丰富的节奏和秩序美。一般时装设计师不一定会喜
欢这种鲜艳的色彩，而伊夫·圣洛朗本身就是一位艺术家。正是这
些绘画、雕塑，甚至是诗歌和音乐，给了伊夫·圣洛朗设计灵感。
伊夫·圣·洛朗与皮埃尔·贝尔热（Pierre Berge）的藏品之中包
括不少荷兰画家、抽象艺术大师皮特·蒙德里安的作品。1965 年，
伊夫·圣·洛朗推出了一系列女士短裙，该设计借鉴的就是皮特·
蒙德里安的绘画风格，图案是红、黄、蓝、白四色方格（图 4-8）。
在伊夫·圣·洛朗的剪裁下，皮特·蒙德里安作品里的明快色彩以
及几何式图案，精巧地与时尚结为一体。这些短裙轰动一时，被称
为"蒙德里安裙"（图 4-9），并和伊夫·圣·洛朗的其他作品，
包括 1962 年胸前有蝴蝶结的晚礼服、1966 年的烟装、1971 年的黑
色花边露背鸡尾酒服装一起，成为他的几大代表作。而由 20 世纪
60 年代时装界这件大事开始，由伊夫·圣·洛朗、皮特·蒙德里
安抽象的艺术图腾成为一种时尚的流行元素，黑线加红、黄、蓝、
白组成的四色方格纹自此成为潮流界经典，之后几十年间，潮流界
轮番向四色格致敬。

图 4 - 8   皮特·蒙德里安——红黄蓝白构图

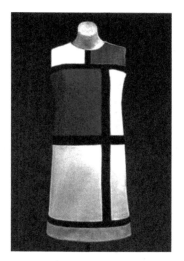

图 4 - 9   伊夫·圣·洛朗的蒙德里安裙

第四节　形象思维法

形象思维是艺术创作设计中最基本、最常用的主导思维方法。无论是艺术设计还是艺术创作，都是艺术形象的创造。因此，图像思维方法是艺术创作不可或缺的基本方法。

那么什么是形象思维？

从科学的发生来看，形象思维是人类具有的本能思维形式，也被称为"直感思维"。它是一种本能的思维形式，通过直觉感来重现对象，接收物体的图像材料，并掌握物体图像的特殊性。

人一出生睁眼以后就无师自通地运用想象思维来识别出哪一个人是他的母亲，哪一样东西是奶瓶，这是形象思维的重要功能。婴儿和幼儿从他人的轮廓中掌握母亲形象的轮廓及其特殊性，以识别和记住母亲的形象。当然，嗅觉在这方面起着重要作用，但图像思维作为图像记忆和再现所起的作用是不可替代的。当一个人出生时，他依靠图像和图像之间的联系来理解世界并理解他周围的环境。

从信息学的角度来看，图像思维是主体使用感觉、感知、外观、直觉，接收事物的图像信息并将其存储在大脑中，对信息进行编码、整合、处理、转换或重建的实践，以及一种认识和掌握事物的本质和规律的思维方式。人们不仅拥有第一个信息系统，即信息接收系统，还拥有第二个信息系统，即信息响应系统。人们不仅可以接收图像信息，更重要的是，人们还可以响应这些图像信息，即对接收的图像信息进行编码和解码、构建和重建，以及重新创建新图像。这实际上是艺术设计在大脑中酝酿的过程，这是创造性思维形成的过程。

可以看出，形象思维在艺术设计和艺术设计创作中具有不可替代的基本地位。无论是哪种创造性思维方式，都离不开形象思维的支持，文艺创作是这样的，艺术设计的创造更是如此。

一、设计观

设计观是人类设计活动的指导思想。它分为先进和老式、主动和被动，与每个设计师的思维方式有直接关系。我们以杰出的现代美国设计师雷蒙德·罗威（Raymond Loem）为例来说明什么是先进的设计。罗威是法国巴黎人，他年轻时就读于巴黎大学工程系，参加了第一次世界大战，并在战争结束后前往美国谋生。最初他在百货商店设计了一个窗户，在此期间他的先进设计理念已经出现。他拆除了最初在窗口中显示的所有百货商店，然后在黑色天鹅绒背景上放置了一个缓慢旋转的多面玻璃球，将一朵黄玫瑰放在球体上，用光照射整个多面玻璃球，使其具有多次折射的闪闪光芒。然后在另一侧放置一件有价值的狐狸皮大衣、一条围巾和一个漂亮的手提袋，这样橱窗设计就完成了。以这种方式设计的橱窗就像一幅精彩的画作，特别是聚光灯使得多面玻璃球体散发出一点点移动的星光，吸引无数行人进入百货商店，完全达到吸引顾客的目的。罗威有一句名言："窗口的任务不是提供商店销售目录。而是试图吸引顾客到商店。"

时装设计师的先进设计理念的形成是在经验的基础上的一次飞跃。设计在自由与非自由之间进行。超出设计者现有的经验以及环境提供的客观条件和限制是不可能的。然而，在相同的材料条件下，始终伴随着优秀的设计和平庸的设计。两者的区别在于平庸、抄袭和模仿设计只将设计视为产品的表面装饰，很少研究产品的功能、结构和形状。这种设计的作者认为，服装上的装饰越多越好，市场上的许多服装都是在平庸的设计理念的指导下设计出来的。优秀的设计具有想象和创作的自由，设计师在设计过程中完成了数量的积累到质量的飞跃。这表明了设计师设计过程中想象力和创造力的重要性。

二、创造力

人类与其他动物主要的不同点是人们具有创造力。创造力，也称为原创性，是指原始和开拓性的劳动能力。英语的 Design 实际上被解释为计划和设想。因此，设计是人类根据自己的要求改变客观世界的创造过程的第一步，它也是一个新的阶段，在这个阶段，人类根据自己的时代所获得的经验将创造新事物的活动推向前所未有的阶段。因此，想象力和创造力是最重要的设计基础。

对于服装而言，原创意识不仅需要在款式的设计中，而且还要贯穿服装成型的各个方面。它包括面料设计、款式设计、结构设计和缝纫工艺设计。还包括更衣设计、穿衣设计、音乐设计、舞台艺术设计和其他二次创作。这里任何一点创新设计师都不能忽视，否则设计作品的价值将大大降低。为了提高服装艺术的原创性，时装设计师必须踏踏实实地学习古今中外的优秀服饰艺术，以及其他艺术成就和前辈的艺术实践，以便能够通过类比，融会贯通，培养自己的艺术通感；同时，要在实践中不断开阔视野，丰富艺术的想象力，增强艺术的欣赏力和创新力；设计师需要有文化视野，深刻理解并努力把握文化价值观，民族艺术特色以及民族文化艺术创新的当代和未来意义；需要有艺术视野，学会站在东西方传统艺术大师的肩膀上，大胆吸收和融合民族艺术的特色，努力创造一种新的服装艺术语言和风格；需要有技术愿景，学会掌握困难的服装技巧，同时采用新技术，充分拓展想象力的翅膀，不断突破原有的障碍，完善新的艺术境界；需要有市场的企业愿景，善于了解和引导消费者的消费市场焦点和审美关注点。

三、想象力

想象力实际上是图像思维的能力。设计师可以通过想象看到未来的设计结果，但不是用眼睛看它们，而是用大脑"看"。为了设计服装，首先，在原始产品的基础上，应该进行图像设计思考，假设它可以变形、组合、分解等，可以产生什么样的新的整体形状，然后构思其内部结构。这个在大脑中构思和想象的图像也被称为"心理模型"，因为它只存在于设计者的脑海中而不是现实中。

时装设计的想象力是多方面的，可归纳如下：

（1）空间艺术的想象力：服装是一种立体的产品，时装设计师必须注意其凹凸的艺术效果，既注重立体效果，还要注意前、后、左、右方向的不同设计效果，使其显示出身体的流动韵律和节奏感。

（2）技术美学的想象：发现新的想象力，并从结构设计、剪裁技术和工艺制作中创造新的图像。

（3）环境美学的想象：让服装设计适应人类生活的不同环境，既要充分发挥服装的功能，又要使环境美化。

（4）物理美学领域的想象：设计师必须真正理解，人体服装的功能之一是美化人体形态，使自己的设计满足不同形式的顾客的消费心理。

第五节　逆向思维法

一、逆向思维的概念

人类思维具有方向性，存在正向和逆向的差异。因此，有两种形式的思维方式，即正向思维和逆向思维，两者相对而言。人们普遍认为，正向思维是指沿着人们习惯性的思维路线和思维方式思考，而逆向思维恰恰相反，指的是人们逆着习惯性思考的思维方式。

逆向思维方法是一种反对传统思维的思维方式。这是一种在与固定的事物或观点相反的方向上思考的方式。"逆向思维"的逆转是"普通人思考的方向"，思考着人们没有想到的东西。反向思维不是一种训练或自我训练技术，而是一种思考或发明的方式。但是，要探索这种能力，首先必须要了解这种方法。

在客观世界中，存在着相互颠倒的事物，事物的正面和负面，思想的积极和消极。

正向思维和逆向思维密切相关。当人们解决问题时，他们往往会按照习惯和传统思维方式思考，即采取正向思维。虽然有时他们可以找到问题的解决方案并获得满意的结果，但在分析某些问题时很难找到答案，在这个时候，反向思维的使用往往会产生意想不到的结果。因此，逆向思维是一种有效的、创造性的思维方式，可以摆脱传统思维。

逆向思维作为一种典型的创造性思维形式，体现了创造性思维的独特性、多样性、灵活性、新颖性、批判性和非常规性。从事物矛盾的关系来看，逆向思维是指从一种现象的正面想到它的反面，或者从一种现象的反面想到它的正面，通过识别事物的对立面并以此为基础构思方法是反向思维方法的基本思想；从思维运动的方向来看，它指的是思考做反向运动，采取相反的方向和思考问题的方式，而反过来改变思维顺序，突破常规地进行思考。每个人都有自己的思维方式。在创造力和设计的思维过程中，我们一般都是按照正常的思维方式思考，反向思维就是打破这种模式，从新的角度和多侧面思考，更深入地推动思想，充分发掘脑海中的创意性想法。

二、逆向思维法的分类

（一）逆原理思维法

一切事物都有其存在的基本原则。所谓的逆原理思维法是扭转事物的基本原则，并衍生出创新的结果。例如，在保罗·狄拉克（P. A. M. Dirac）之前，许多物理学家已经发现了反粒子现象，但他们是传统的，并且不敢或不愿意承认存在反粒子。而保罗·狄拉克发现反粒子的过程是使用逆原理思维法进行的。迈克尔·法拉第（Michael Faraday）的电磁感应定律也是逆原理思维方法的结果。

（二）逆重点思维法

人们在处理问题、解决问题及进行科学研究的过程中，总有自己的思维重点。逆重点思维法，即是在原重点之外寻找新的重点，改变研究目标，从而获得创新成果的思维方法。例如，20世纪初，人们设计的除尘器的重点放在"吹"上，效果很不理想。而胡伯特·布斯（Hubert Booth）先生则把除尘方法的重点放在"吸"上。后来，经过多次实验，利用真空负压的原理制成的电动吸尘器终于诞生了。

（三）逆结构思维法

逆结构思维法是指改变事物结构以获得创新结果的思维方法。例如，锅炉的热效率不高，就引起了日本天雄昌吉的注意，他从锅炉吸热（通常知道锅炉产生热量）的相反角度考虑，并认为通过改变锅炉结构可以提高热效率。经过测试和改进，锅炉的热效率提高了 10％。

（四）逆缺点思维法

逆缺点思维法是指通过改变缺点的观察角度来改变缺点，以获得创新成果的思维方法。世界上的事物不可能是完美的，总有各种各样的缺点。当我们面对缺点时，如果改变观点，可能会发现利用这些缺点的价值可以获得新发明的价值。

（五）逆位置思维法

逆位置思维法指的是反转物体位置以获得新想法的方法。根据事物的原始存在状态，我们可能无法获得新的想法。如果我们改变事物的原始存在状态，如改变事物的原始位置，我们就可以获得新的想法。

（六）逆功能思维法

逆功能思维法是指重新思考事物或产品功能以获得新思想的思维方法。例如，早期焦化厂在焦化过程中将大量气体排放到大气中，后来人们建议将天然气再利用以造福人类。所以人们开始尝试收集天然气并取得成功。这也使人们在焦化时获得更清洁的能源，从而节省能源并净化大气。这是功能倒置方法的结果。

（七）因果关系反转法

因果关系反转法是指通过倒因为果或倒果为因在因果关系链中获得新想法的方法。例如，人们发明用于冷却的空调设备，但冷却必须吸收热量，以达到冷却的目的。在吸热冷却的情况下，压缩机工作会产生热量，导致室温升高。后来，人们利用这一空调功能，从最早的单冷空调开发出冷暖双系统空调。这里使用的就是因果关系反转法。

（八）思维方向逆转法

思维方向逆转法指的是一种改变思维方向并获取新思想的方法。在现实思维的过程中，思维方向的逆转往往会带来与事物发展方向相关的事物的本质、功能和作用的一系列变化，并产生意想不到的效果。

三、逆向思维在服装设计中的应用

在时装设计中，逆向思维的应用往往通过突破传统思维为服装带来新的时尚和潮流。从时尚发展史的角度来看，时尚潮流往往受到逆向思维的影响。必须颠倒事物的原则已经多次以服装的方式得到验证。

在今天的时装设计中，这种思维方式的使用更为常见：在精致的长袜上刻意切割出洞；衣服的接缝是在衣服的表面上刻意制作的；牛仔短裤的口袋布是故意暴露在裤子里的；裤长做短；材质差异较大的面料相组合等。许多大师级别的时装设计师在反向思维设计方面都很成功。日本设计师川久保玲就擅长从对立要素里寻求组合。她说："我的思路和灵感时时不同，我从各个角度来考虑设计，有时从造型，有时从色彩，有时从表现方法和着装方式，有时有意无视原型，有时根据原型，但又故意打破这个原型，总之是反思维的"（图4-10、图4-11）。

图4-10　川久保玲秋冬高级成衣时装发布秀

个性强烈的法国设计师加布里埃·香奈儿在第一次世界大战后推出针织女式套装，下装为裤装，这无异于平地惊雷，因为在当时，尤其是正式场合，女士穿裤装是非常叛逆的。上流社会名媛淑女的浮夸、虚荣、相互攀比的风气令加里布埃·香奈儿深恶痛绝。由此她设计出仿钻石的珠宝首饰，美丽但不昂贵，她要让那些女子"为自己没有一件香奈儿的仿真首饰参加舞会而哭泣"。这对于传统的贵夫人形象无疑是充满了反叛与革命精神的。这种逆向思维在伊夫·圣·洛朗、三宅一生等设计大师的作品中屡屡得到运用，对现

图 4 - 11 川久保玲秋冬高级成衣时装发布秀

代女装的发展起着不可估量的作用。

　　伊夫·圣·洛朗减少了男女之间在服装上的差异，将简约优雅的女性裤装引入时尚的主流，当时的"吸烟装"惊世骇俗，充分反映了伊夫·圣·洛朗的反叛精神（图 4 - 12）。

图 4 - 12 "吸烟装"

第六节　发散思维与收敛思维

一、发散思维

（一）发散思维的概念

发散思维是在思考的过程中，思维从一个主题开始，并以不同的方式思考，以获得更多、更新、更独特的想法或解决方案。它的特点是思维的广阔视野，思维的多维分歧，要求人们摆脱现有的知识和经验，不要遵循惯例，要寻求变异，不太考虑思考结果的质量。

发散思维主要解决思维目标指向的问题，即思维方向。它在创新思维活动中发挥着不可替代的作用，为思维活动指明了方向。发散思维是创造性思维最重要的特征，也是衡量创造力的主要指标之一。具有不同思维习惯的人在考虑问题时通常更灵活，并且可以从多个角度或层面观察问题并寻求解决问题的方法。

（二）发散思维的特征

1. 流畅性

流畅性是不同思想数量的指标，指的是在短时间内响应给定数量信息的能力。一个人在特定时间内表达的东西越多，思维的流畅性就越好。在创意活动中，首先需要具有概念流畅性，以便产生许多新想法。

2. 变通性

变通性，也称为灵活性，意味着思维有多个方向，不受集合约束。当思维遇到困难时，它可以适应形势，及时调整思维方式，多方向分散，从而提出更多答案，可以产生非凡的新想法。

3. 独创性

独创性是指思维的独特性，是指人们在思维中产生不同寻常的"奇思妙想"的能力。这一能力可使人按不同寻常的思路展开思维，突破常规知识和经验的束缚，得到标新立异的思维成果。独创性要求思维具有超乎寻常的新异成分，因此它更多代表发散思维的本质。

总之，真正有创造性的发散思维应该是流畅、变通、独创三者兼备的。在流畅性提供大量思想的基础上，不断变换着思维的方向，最终得到独特性的结果。因此，流畅性是基础，变通性是条件，独创性是目标。

（三）发散思维在服装设计中的应用

时装设计中的发散思维是基于一件事物，然后提出每一个可能的概念，并寻求各种解决方案，它是自由的、任意的，同时它也是一个连续的、渐进的过程。发散思维往往具有思维中心，它可以是创造的主题，也可以是其他东西。它从中心点辐射，思想辐射的点经常有很大的跳跃性。

二、收敛思维

（一）收敛思维的概念

收敛思维又称"聚合思维""求同思维""辐集思维"或"集中

思维"，其特点是使思维始终集中于同一方向，考虑实现该目标的多种可能的途径，使思维简明化、条理化、规律化、逻辑化。收敛思维与发散思维，如同"一枚钱币的两面"，是对立的统一，具有互补性，不可偏废。

（二）收敛思维的特征

来自各个方向的知识和信息指向相同的目标（问题），目的是通过分析、比较、综合和推理各种相关和不同的程序来找到最佳答案。

1. 聚焦法

聚焦法是反复思考问题，有时甚至停顿，使原始思维集中和聚集，形成垂直深度和强大的思维渗透力，思考解决问题的具体方向，积累一定的量，最终实现了质的飞跃，使问题顺利解决。

2. 连续性

发散思维的过程是一个想法与另一个想法之间没有联系，它是一种跳跃式的思维方式，具有非连续性。收敛思维以相反的方式进行，它是一个环，具有很强的连续性。

3. 求实性

由发散思维产生的许多想法或方案通常是不成熟和不切实际的，因此不应对发散思维做这样的要求。必须筛选发散思维的结果，并且收敛思维可以起到这种筛选作用。选择的想法或计划是基于实际标准的，应该是切实可行的。通过这种方式，收敛思维表现出了强烈的求实性。

（三）收敛思维在服装设计中的应用

在发散思维产生各种想法之后，有必要从面料的可行性、时尚性和需求性等方面进行综合融合性思维，最后开发并确认一种成熟的设计方案。

在进行发散思维时，可能会有各种各样的信息和想法在设计师的脑海中汇集在一起。有合理的和不合理的，正确的和荒谬的，所以这些信息和想法可能是混乱的。只有在每次识别和筛选后才能获得正确的结论。此时，有必要将发散思维与收敛思维相结合，集中挑选几个可行的思想，补充、修正、持续深度整合、逐步理清头绪。收敛思维也称为集中思维，它基于发散思维，筛选、评判和确认发散思维提出的各种想法。它的核心是选择，因此选择也是一种创造。

第五章　创意服装设计

第一节　创意服装设计概述

一、创意与创意设计

(一) 创意

古今中外，学者们对创意的认识不同，所做的定义也不同。例如，美国著名心理学家罗伯特·斯滕伯格（Robert J. Sternberg）认为：创意是生产作品的能力，这些作品既新颖，又恰当；建筑学者约翰·库地奇（John Kurdich）认为：创意是一种挣扎，寻求并解救我们的存在；台北艺术大学赖声川先生认为：创意是看到新的可能，再将这些可能性组合成作品的过程。虽然，学者们对创意的认识各有不同，但综合多种解释，可以得出这样的定义：创意是具有创造性的意念，它不是重复，而是创新，具有原创性、可实现性的特征，它的核心不仅仅是一个"新"字，还应具有对"意"的表达。

(二) 创意设计

从字面上看，创意设计指的是具有创意、意义和含义的设计。从现代设计的角度来看，可以理解为：所有在现实中取得突破的设计和创新设计都属于创意设计。也就是说，创意属于创新设计的范畴，但除了创新之外，它还注重创意和意义的表达，为设计注入灵魂和活力。

二、服装创意设计与创意服装设计

（一）服装创意设计

服装创意设计的核心是"创意"。如何使服装富有创造力是研究和探讨的关键。

"创意"可以是原创的或非原创的，"服装"可以是任何类型的服装，如连衣裙、运动服、职业装、衬衫等。

（二）创意服装设计

创意服装设计主要是指创意服装的设计，其核心也是"创意"。如何设计创意服装是研究和学习的重点。创意服装没有非常严格的定义，服装行业中提到的创意服装一般与实用服装相关，指的是各种造型夸张、弱化可穿性、创新性强的艺术鉴赏服装。创意服装设计仅指这类服装设计，不包括其他服装类型。

（三）两者的联系与区别

提到创意服装设计，我们很容易跟服装创意设计混淆，因为创意设计的核心是创意，创意时服装设计的核心也是创意，但对观众的感觉更具创意，所以将两者混淆是正常的。然而，服装的创意设计，服装是创意设计的载体，它涵盖面广，不仅指夸张的艺术创意服装，还涵盖普通服装、服装项目等。创意服装设计，创意服装是设计的载体，仅指创意服装的设计，即各种造型夸张、弱实用性、可展示的艺术鉴赏服装。在设计方面，两者的焦点是不同的。服装的创意设计注重创意思维、设计方法、设计元素、过程分析和高级学习与培训；创意服装设计侧重于创造性结果而非过程。有各种方式来表达创意服装的夸张和奇特的视觉效果。

显然，服装的创意设计不等于创意服装的设计，服装的创意设计包括创意服装的设计。在学习服装创意设计的阶段，两者不能混淆或完全分开。在教学中，可以利用创意服装设计来学习、开拓思路，利用其他类型的服装创意设计学习，结合市场，使设计作品能够实现商业与创意的结合，是一种"有用"工作，体现了以人为本的设计内涵。

三、创意服装设计的原则

在进行创意服装设计的时候，要注意以下原则。

(一) 原创性原则

原创性是指创意服装设计作品中所包含的前所未有的创意因素。创意服装设计是探索新设计理念、新设计元素、新材料和新工艺，注重设计创意，发展设计思维，提高设计能力以及拓展设计师之路的过程。从灵感到产品的创意服装设计过程是从感性到理性的过程。除了创造性思维和丰富的想象力，设计师还需要深入分析自己脑海中的大量信息，以进一步创造出独特的新形象。创意要求设计师运用不同的思维，把握事物的特殊性，并根据他们对服装的理解和分析，反映视觉形象的各个方面，如材料选择、造型、配色、结构工艺等（图 5 - 1）。

当然，原创性还要求设计师树立和运用全新的观念，如价值观、道德观和文化观等，创造别具一格的服装形象。

(二) 审美性原则

审美性是指创意服装设计作品中所包含的观赏因素。创意服装

图 5 - 1　原创性创意服装——莲娜·丽姿（Nina Ricci）

设计不是闭门造车，设计师不仅要满足自己的设计品位，还要追求创新和个性，设计的衣服必须符合当时的环境和时间。考虑到审美的因素，它们必须满足消费者的需求并具有时代的美感。创意服装设计应具有视觉美感效果，设计师需要运用艺术来创造普遍的形式美原则，注重服装的比例和分工、对称与平衡、对比与视错、重点与协调，使服装具有统一的多样性（图 5 - 2）。同时，为了突出自己的审美情趣，突出作品的视觉冲击力，设计师还可以通过创作特定场景来吸引观众，创造审美效果。

图 5 - 2　创意服装别开生面的视觉审美效果——三宅一生

（三）完整性原则

完整性是指在创意服装设计中应该实现的充分的和完整的状态。

在确定创意服装设计的主题后，设计师应该尝试挖掘相关主题并仔细构思服装各个部分的细节。在服装的组件相对完整之后，工作的形象应该完全协调，并且要清楚地定义主要和次要。实现良好的视觉效果。

创意服装设计的完整性，除了注重部分之间的和谐，还要注重颜色的协调和结构与过程的合理性，工艺是完成服装缝制的重要手段。不同工艺方法的选择和最终表面处理的质量直接影响服装的整体效果。只有精湛的切割和工艺才能给人一种完整的感觉。

服装配件在创意服装中起着重要作用，这是整体设计的调整和补充。因此，在考虑衣服的完整性时，建议将配件的设计作为创意的一部分进行规划。

四、创意服装设计的方法

创意服装设计的方法有很多。从服装设计本身考虑，可以参考以下几种方法。

（一）材料创新

服装辅料是服装设计的物质基础。这里提到的材料不仅仅是纺织品。使用塑料、玻璃、金属甚至木材等特殊材料往往使服装的创造性效果更引人注目。一般纺织品的织物再造是创意服装设计的主要表现手段之一。

1. 非织造材料

非织造材料是对新服装材料的使用和设计师用来表达某些概念和艺术观念的语言的探索。在设计之前，应该充分了解各种材料的属性、纹理、质感和风格，并结合自己的设计主题来挖掘材料的潜在表现力，从而创造性地使用各种可能的材料，包括高科技材料。

2. 面料再造

面料设计是反映款式设计的最基本材料，但现成的面料有局限性。因此，在当今的时装设计中，面料重新设计已成为时尚创意设计的主要表现形式之一。著名服装设计师三宅一生被称为"面料魔术师"。由他开创的"一生褶"，展示了面料二次创意的无限魅力，是面料再设计的典范。三宅一生的设计直接延伸到面料设计领域，他将白棉布、宣纸、针织棉布、亚麻等传统材料，借助现代技术，结合他个人的思想，创造出各种肌理效果的面料，从而设计出独具特色的不可思议的服装（图 5 - 3）。瑞典的新锐设计师桑德拉·巴克伦德（Sandra Backlund）用镂空的织法及纯手工的技法，编织出层叠的宫廷服饰褶皱效果和皮草的奢华质感（图 5 - 4）。

图 5 - 3　三宅一生——"一生褶"

图 5 - 4　镂空的织法——Sandra Backlund

　　面料再造有很多种方法，如编结、刺绣、镂空、镶拼、手绘、印染、喷绘等平面手法，也有起褶、编织等立体形式，还有对多种不同材质肌理的面料进行组合而制造出特殊的效果。面料再造的表现手法大致可归纳为：

　　（1）加法。如印染、刺绣、叠加、堆饰等，即在现有面料上添加相同的或不同的材质从而形成的有层次的、立体的、富有创意的装饰手法（图 5 - 5）。

　　（2）减法。如运用抽纱、镂空、剪切、磨刮、烧花、撕扯、烂花等加工方法来改变面料的表面，使其具有无规律、不完整或破烂感的特征。

　　（3）变形法。即对面料进行抽褶、缩缝、拧结、挤压或利用高科技手段产生褶皱的处理方式。它是一种常用的服装设计造型方法，可以改变织物的质地，产生丰富的浮雕效果。

图 5 - 5　面料再造的加法应用——维克托 & 罗夫（Viktor&Rolf）

（4）综合法。即同时采用加法、减法、变形法中的两种或两种以上的面料再造手法。

（二）色彩表现创新

服装色彩是时装设计的三大要素之一。色彩在时装设计中具有强大的表现力，是创造服装整体效果的主要因素。由于创意服装设计更注重视觉效果的影响，以色彩表达为主题的设计更能得到近乎夸张的发挥，如暖色和冷色的对比、互补色的对比以及亮度和对比度。图 5 - 6 是印度设计师曼尼什·阿若拉（Manish Arora）2010年秋冬的发布会作品。鲜艳的色彩充斥着整个秀场，色彩的拼接渗透着浓浓的波普风格，装饰性的艺术设计使得服装具有完美的表现力与夸张的表现效果。

（三）廓型创新变化

不论服装的廓型如何变化，其塑造的方法基本有两种：面料堆积法和内部填充法（图 5 - 7）。

图 5-6　色彩表现创新——Manish Arora

图 5-7　廓形创新——Michiko Koshino

织物堆叠方法是三维组合技术，其中织物从多个不同方向挤出和堆叠，以形成不规则的、自然的和立体感强烈的褶皱的立体构成技术手法。

内部填充方法是使用衣服内部的支撑件以实现衣服的可塑性的方法。填料可硬可软，硬填料通过使用相对硬的材料如薄铁片、骨头等形成向外膨胀的形状，并且可以根据需要设计尺寸和形状，从而形成丰富的形状变化；柔软填料主要采用蓬松棉和尼龙纱等高弹性材料作为内衬，支撑服装的某一部分，达到造型效果。

（四）结构工艺创新

服装的结构是服装造型的基础。为了在结构工艺中进行创新，可以对服装的基本造型和样品组合进行新的尝试，如解构和重组，打破传统的服装结构并重新组装。除了研究样品的位置、组合和比例关系外，还可以通过内衣的外穿、内里反穿等方式来颠覆原始概念（图 5 - 8）。

图 5 - 8　结构工艺创新——瑞克·欧文斯（Rick Owens）

被称为"解构怪才"的马丁·马吉拉（Martin Margiela），一直以来都以解构及重组衣服的技术而闻名。在 2011 年春夏女装系列中，他用"男人的行头与女人的身体相遇"来注释本次设计，以箱形廓型为创意的服装设计令人过目难忘（图 5 - 9）。

图 5 - 9　解构和重组——Martin Margiela

（五）图案创新应用

织物的图案还可以增强材料的艺术表现力。图案的题裁多种多样，设计师可以通过结合不同的主题和不同风格的图案来创新图案。

服装图案的创新也可以在加工过程中表现出来，如通过手绘、扎染、蜡染或者数码喷绘带来创新的视觉效果（图 5 - 10）。

图 5 - 10　扎染服装

第二节　创意服装结构设计

一、创意服装结构设计概述

创意服装结构设计是现代服装行业的一个独立领域，也是服装从纸质设计向物质转化的最关键步骤之一。创意服装结构的设计是指服装系统内各种元素的组合，它们彼此相关并相互作用。研究基于三维人体的服装结构的立体分析和平面分解规律是一门学科。创意服装设计主要分为三个部分：造型设计、结构设计和工艺设计。结构设计处于过程的中间环节，设计草案的完美程度与真实事物密切相关。因此，结构设计承担了设计中间环节的作用。结构设计是物化过程和设计中的二度创作。它是将设计图的设计和图像思维的创造转化为实物生产的平面结构图的工作过程。在忠实于原始设计本质的基础上，深化了原有的设计理念，实际上，二次创作是在实践过程中实现的。创意服装结构的设计是一种开放的思维方式，它是一种打破传统思维逻辑或单一和传统立体剪裁方法的设计方法，它试图突破传统结构的设计理念，采用新的设计理念，开拓新的结构设计方法。它不受人体结构、材料和造型方法的限制和影响，通常会增添强烈的艺术美感。创意服装结构设计也可以与设计分离，并采用结构设计原则进行纯粹的结构设计。纵观时尚发展史，结构设计的创意作品往往是整个时尚发展史中的转折和标志性设计作品。

从整个服装发展的历史来看，古代创意服装的设计一般可分为两种基本类型：一种是块料型。由一大块未缝制的衣服组成，包裹或披在身上，有时系着腰带捆挂在身上。例如，古希腊服装使用未切割和缝合的矩形织物，并通过诸如悬挂、缠绕、钉扎和捆扎在人体上的基本方法形成"无形之形"的特殊服装风格。另一种是缝纫型。它由织物或鞣制皮革制成，制成小褂和最早的裤子。迄今为止，这种原始服装一直存在于许多种族群体中，如爱斯基摩人和中亚的一些民族所穿的服装。所有国家的早期服装都采用扁平结构设计，如从古埃及王朝到古希腊服饰的典型代表和古罗马帝国时代的托嘎。这一时期的共同特征是布料直接固定或缠绕在身体上。然而，结构设计逐渐从大块面到小块面，并且格陵兰长外套的外观导致服装平面的线性设计立体的曲线结构设计。这是一个重要的历史分界线，其主要功能是结构的创造性设计。

今天的国际大师级设计师有自己独特的结构创意设计方法。设计师山本耀司是 20 世纪 80 年代闯入巴黎时尚界的先驱者之一，与三宅一生和川久保龄一起，将西式建筑风格与日本服装传统相结合，使服装不仅仅是身体的遮盖物，也是穿戴者、身体和设计师的精神之间的纽带。民国时期长袍到中山服的改革是从平面剪裁到立体剪裁的过程。20 世纪初，著名设计师马德莱尼·维奥耐特（Madeleine Vionnet），斜切割的发明者，巧妙地利用材料倾斜方向的特点来进行服装设计，并创造了一种新的设计方法。

二、创意服装结构设计的分类

创意服装的结构设计根据外形分为：结构性和造型性，不同的创意结构在服装的使用上有不同的侧重点。结构性创意强调服装功能的特征，功能和审美上令人愉悦的设计是根据人体的肌肉曲线和骨骼线以及人体的轨迹设计的；造型性创意结构指的是满足服装的各种创意造型需求的结构设计，它的设计隐含着服装内部和外部的丰富对比和造型。

创意服装结构设计根据材料分为：一种是以平面面料为主要对象的创意造型；另一种是以各种非平面面料为主要对象的特殊造型，如金属、塑料、纸张、木材等材料。

创意服装结构的设计根据几何形状分为：平面几何、半立体浮雕几何、立体几何。平面几何形状简洁利落，平面时尚感强；半立体浮雕几何造型层次丰富，微光影效果使作品看起来厚实饱满；立体几何形状呈现多角度、多向空间设计，作品视觉冲击力强。

三、创意服装结构设计的方法

设计师应该能够较好地把握创意服装的结构设计。首先，他们应该了解基本的综合的工艺和良好的设计基础。结构设计在造型设计和工艺设计之间，该程序属于中间环节，这种关系是二次创造和结构合理性的补充。设计的完美离不开结构设计，特别是工艺设计的基础，就像绘图技巧一样，直接影响作品最终呈现的视觉美感。该工艺做得精巧、良好，造型和结构就可以充分体现。

（一）平面结构的设计方法

平面结构设计是东方传统的结构设计。通过这种结构设计方法设计的服装结构简单而流行，人体与服装之间的关系松散。内部空间的自由度使得该服装适合于各种体型的消费者。在现代平面结构设计中，可以通过改变结构线的曲直、长短，结构线的交织，结构形状的组合、重合或减少来改变原始结构线和结构形状，并形成新的平面结构图。

（二）立体结构的设计方法

立体结构设计是西方历史悠久的结构设计方法。在文艺复兴时期，服装结构变得更加复杂，剪裁要求合身，服装工艺技术日益发达。"塑型"的概念深深植根于人类的心灵。立体式的服装已成为西方服装文化的主流。材料模塑在人体模型上，结构经过确认后再进行设计。这种设计方法设计的服装外形合体，人体与服装之间的关系紧密，服装对不同体型的适应面窄，体现出女性的人体曲线美，表达了严谨、思辨的西方设计理念。在现代立体结构设计中，主要通过改变浅层结构，使服装造型更贴合，穿着更舒适。在设计过程中需要更多地考虑人体静止、运动和衣服之间的关系。

立体结构的设计是通过立体剪切的方法进行的，立体裁剪是服装设计的一种建模方法。该方法是选择一种接近材料特性的样布，直接在人体模型上进行剪裁和设计，具有艺术和技术的双重特征。立体裁剪具有以下优点：

1. 直观性

立体剪裁一种模拟人体穿着状态的剪裁方法。它可以直接感知服装的穿着形状、特征和紧实度。它被认为是观察人体形状和服装成分之间关系的最简单、最直接的方式。立体裁剪方法是平面裁剪所无法比拟的。

2. 实用性

立体裁剪不但适用于结构简单的服装，适合各种风格的时装，适合西式服装和中式服装。由于立体裁剪不受平面计算公式的限制，根据设计需要直接在人体模型上进行剪裁创作，更适合个性化的品牌时装设计。

3. 适应性

立体裁剪技术不仅适合专业设计和技术人员，也非常适合初学者。只要掌握了立体裁剪的操作技巧和基本要领，并具有一定的审美能力，就可以自由地运用想象力，进行设计与创造。

4. 灵活性

在操作过程中，可以随时设计、修剪和改进，观察效果，并随时纠正问题。这可以解决平面裁剪中的许多难以解决的问题。例如，在服装设计和时装生产中，如果使用平面裁剪方法，则难以实现不对称、多褶皱和不同面料组合的复杂造型，并且在剪裁中容易变形。

5. 准确性

平面裁剪是一种常用的剪裁方法。设计和创作往往受到设计师的经验和想象空间的限制，很难达到预期的效果。立体裁剪和人体几乎零接触，可以提高准确性和成功率。

立体裁剪具有许多优点，因此受到业界的高度关注。一些公司、企业和设计师将其作为品牌竞争的核心技术。

（三）平面与立体结构结合的设计方法

将平面结构设计方法与立体结构设计方法相结合，是现代服装结构设计的最佳方法之一。大量的立体裁剪实践可以积累丰富的建模经验，并且立体和平面的连续变换，促使人脑通过经验在二维空间模拟类似的设计造型。这种新的设计概念可以一部分采用平面设计，一部分更复杂并且难以通过平面想象的结构通过立体设计方法获得更精确的造型。

参考文献

［1］尹定邦，邵宏．设计学概论［M］．长沙：湖南科学技术出版社，2009.

［2］李莉婷．服装色彩设计［M］．北京：中国纺织出版社，2000.

［3］康定斯基．康定斯基论点线面［M］．罗世平译．北京：中国人民大学出版社，2003.

［4］康定斯基．论艺术的精神［M］．查立译．北京：中国社会科学出版社，1987.

［5］刘海波．设计造型基础［M］．上海：上海交通大学出版社，2007.

［6］卓开霞．女时装设计与技术［M］．上海：东华大学出版社，2008.

［7］伦佛鲁 E，伦佛鲁 C.时装设计元素：拓展系列设计［M］．袁燕译．北京：中国纺织出版社，2010.

［8］于国瑞．时装创意原理与方法［M］．北京：中国轻工业出版社，2000.

［9］苗莉，王文革．服装心理学［M］．北京：中国纺织出版社，1997.

［10］黑格尔．美学（第一卷）［M］．朱光潜译．上海：商务印书馆，1996.

［11］史林．服装设计基础与创意［M］．2 版．北京：中国纺织出版社，2014.

[12] 冯利，刘晓刚．服装设计1：服装设计概论［M］．2版．上海：东华大学出版社，2015.

[13] 王学．服装设计教程［M］．上海：东华大学出版社，2013.

[14] 陈莹，丁瑛，辛芳芳．服装设计［M］．北京：化学工业出版社，2015.

[15] 吴启华．服装设计［M］．上海：东华大学出版社，2013.

[16] 原研哉．设计中的设计［M］．济南：山东人民出版社，2010.

[17] 刘元风．服装设计学［M］．北京：高等教育出版社，2005.

[18] 余建春，方勇．服装市场调查与预测［M］．北京：中国纺织出版社，2002.

[19] 李当岐．设计·服装设计·服装设计师［J］．服装设计师，2011（11）．

[20] 胥日．服装创意设计造型构成及应用研究［J］．产业与科技论坛，2012，11（12）：172－173.

[21] 张彤．创意思维在服装设计中的运用［J］．河北工业科技，2004，21（6）：62.

[22] 李传文．论服装设计形式美创造的基本原理与法则[J]．武汉职业技术学院学报，2017（1）．

[23] 殷文．解构主义在服装设计中的应用［D］．青岛：青岛大学，2007.

[24] 毛茜．横机针织服装的设计原理与要素分析［D］．苏州：苏州大学，2007.

［25］温兰．弹性面料的服装设计研究［D］．苏州：苏州大学，2006.

［26］李玉婷．现代服装设计中传统服饰元素的应用［D］．北京：清华大学，2007.

［27］倪娜．后现代主义思潮对中国服装设计影响之研究［D］．天津：天津工业大学，2008.

［28］李骏．服装图案在服装设计中的运用［D］．苏州：苏州大学，2007.

［29］张丽华．对服装创新设计的探讨［D］．苏州：苏州大学，2007.

［30］陈龙．三维服装柔性参数化设计方法及技术研究［D］．杭州：浙江大学，2008.

［31］王进．积件化草图交互式三维服装设计方法及重用技术研究［D］．杭州：浙江大学，2008.

［32］邓卫燕．基于用户照片和神经网络的三维个性化人体建模方法研究［D］．杭州：浙江大学，2008.

［33］鲁虹．服装感性设计的知识平台与应用研究［D］．苏州：苏州大学，2010.

［34］陈茜．折衷主义设计方法在服装设计中的应用与研究［D］．杭州：浙江理工大学，2017.

［35］刘雯雯．民族风格元素在舞台服装设计中的应用研究［D］．天津：天津科技大学，2016.

［36］盛金媛．性别模糊概念在现代服装设计中的研究与应用［D］．杭州：浙江理工大学，2017.

［37］姜图图．时尚设计场域研究［D］．杭州：中国美术学院，2012.

［38］毕亦痴．中英现当代时装设计思维比较研究［D］．苏州：苏州大学，2013.

［39］刘正．多要素耦合驱动的个性化服装设计方法研究［D］．杭州：浙江大学，2013.

［40］卢啸．服装设计创意思维探析——评《服装设计基础与创意》［J］．印染助剂，2017，34（11）：65.

［41］孙琰．服装设计教学与细分化人才需求的关系研究［J］．纺织服装教育，2017，32（06）：455－457.

［42］胡雪琪．服装设计中"点"元素与大众审美教育研究［D］．天津：天津职业技术师范大学，2016.

［43］孙睿．未来主义服装风格分析及设计研究［D］．南京：南京艺术学院，2014.

［44］满甜．服装设计的艺术表达与视觉感受［D］．天津：天津科技大学，2014.

［45］王晓莹．服装设计基础训练教学的实践与思考［J］．大众文艺，2016（18）：247.

［46］胡晓．多功能服装的模糊设计方法研究［D］．杭州：浙江理工大学，2013.

［47］曾丽．浅析一体化服装设计与应用［J］．艺术教育，2015（08）：298－299.

［48］丁颖．跨界思维在当代服装设计领域的应用探析［D］．武汉：湖北美术学院，2018.

［49］王园园．服装设计的基础造型研究［D］．长春：吉林艺术学院，2013.

［50］宗敏．试论女装设计中面料的细节设计与创新［D］．杭州：中国美术学院，2012.

［51］马丽娜，马颖．设计理论在服装中的应用——评《服装设计基础（美术卷）》[J]．印染，2017，43（08）：62．

［52］唐競喆．服装设计管理体系与服装设计创新研究［J]．毛纺科技，2018，46（02）：50－55．

［53］李洋．中国画元素在定制服装设计中的应用［D]．北京：北京服装学院，2012．

［54］温兰．弹性面料的服装设计研究［D]．苏州：苏州大学，2006．

［55］张泽同．服装设计中对绘画基础能力的应用探析［J]．戏剧之家，2018（19）．